奋斗创造幸福

做挺膺担当的奋斗者

任初轩 编

人民日报出版社

北京

图书在版编目（CIP）数据

奋斗创造幸福 / 任初轩编. -- 北京 : 人民日报出版社, 2025. 3. -- ISBN 978-7-5115-8690-2

Ⅰ. B848.4-49

中国国家版本馆CIP数据核字第2025U2Q717号

书　　名：奋斗创造幸福
　　　　　FENDOU CHUANGZAO XINGFU
作　　者：任初轩

出 版 人：刘华新
策 划 人：欧阳辉
责任编辑：周海燕　孙　祺
装帧设计：元泰书装

出版发行：人民日报出版社
社　　址：北京金台西路2号
邮政编码：100733
发行热线：（010）65369509 65369512 65363531 65363528
邮购热线：（010）65369530 65363527
编辑热线：（010）65369518
网　　址：www.peopledailypress.com
经　　销：新华书店
印　　刷：大厂回族自治县彩虹印刷有限公司
法律顾问：北京科宇律师事务所　　（010）83622312

开　　本：710mm×1000mm　　　1/16
字　　数：230千字
印　　张：17.75
版　　次：2025年3月第1版
印　　次：2025年3月第1次印刷

书　　号：ISBN 978-7-5115-8690-2
定　　价：58.00元

如有印装质量问题，请与本社调换，电话：（010）65369463

目录

■ 上 篇

■ 下 篇

决胜"十四五" 奋发向前行
——元旦献词

岁序更替，华章日新。走过很不平凡的 2024 年，我们迎来充满希望的 2025 年。

时间的长河奔涌向前，奋斗者的步伐永不停歇。刚刚过去的一年，亿万人民紧握时间的巨笔，绘写中国式现代化壮美的新篇。

这新篇里，有党的二十届三中全会的"系统部署"，有庆祝共和国 75 周年华诞的"接力奋进"，有粮食年产量首超 1.4 万亿斤的"饭碗端牢"，有以新质生产力推动高质量发展的"强劲动能"……经济运行总体平稳、稳中有进，经济社会发展主要目标任务顺利完成，中国式现代化迈出新的坚实步伐。

这新篇里，有嫦娥六号完成人类史上首次月背采样、新能源汽车年产量首破 1000 万辆的创新跃动，有普惠托育服务体系建设加快推进、养老保障水平持续提升的民生向暖，有中国运动员全年获得 194 个世界冠军的历史佳绩，有功勋模范人物等生动诠释的新时代中国精神。中国式现代化，科技打头阵，民生为根本，中国精神更加昂扬。

这新篇里，有从"和平共处"到"和合共生"的一脉相承与历史跨越，有"从钱凯到上海"见证共建"一带一路"铺展的"阳光大道"，有中非共逐现代化之梦标注下构建人类命运共同体的"全球南方时刻"。世界现代化道路上，中国的"朋友圈"不断扩大、"同路人"越来越多。

在"乱云飞渡"中沉着应变，在"中流击水"中综合施策，以习近平同志为核心的党中央团结带领全党全国各族人民顽强拼搏，取得非凡成绩。这充分彰显了"两个确立"对于我们应对各种风险挑战、推进中国式现代化建设具有决定性意义，更加坚定了我们在新时代新征程开拓进取、攻坚克难的决心和信心。

重要的历史节点，赋予时间厚重的内涵。今天的中国，行进在"关键时期"，但到半途须努力，要登绝顶莫辞劳。崭新的一年，"十四五"规划要收官，为实现"十五五"良好开局打牢基础，这在我国现代化建设进程中意义重大。越是任重道远、爬坡过坎，越要增强信心、奋发有为，稳中求进、以进促稳，稳扎稳打向前行。

向前行，让我们聚力改革创新。推进中国式现代化，根本动力在于进一步全面深化改革。港珠澳大桥成为粤港澳大湾区互联互通的"黄金通道"，上海张江由昔日的"酱菜小镇"变身"科创策源地"，海南自由贸易港成型起势、进入封关运作攻坚期……中国发展气象万千，离不开改革创新蓄力赋能。新征程上，锚定总目标，坚定道不变、志不改，激发敢创新、勇攻坚的锐气胆魄，我们必将赢得优势、创造未来。

向前行，让我们勇于担当作为。没有一颗成功的果实是可以轻松摘取的，前进道路上的"拦路虎""绊脚石"躲不开、绕不过。有目标引领，唯有知难而进、敢于斗争，锤炼"铁肩膀""宽肩膀"，才能开辟新天地、开创新局面。面向未来，既看到我国发展具有的诸多优势、有利条件和巨大潜能，又正视和解决面临的困难和问题，善于把各方面积极因素转化为发展实绩，我们就不惧任何风浪，始终掌握历史主动。

向前行，让我们共同实干奋斗。习近平总书记指出："我们的现代化既是最难的，也是最伟大的。"亿万人民的凝心聚力，正是破解其"最难"、成就其"最伟大"的钥匙。每个奋斗者拼搏的汗水，汇成新时代的滚滚洪流。14亿多人奋进的脚步，激扬的是不可阻挡的复兴强音。坚持干字当头，当好中国式现代化建设的行动派、实干家，团结一心、众志成城，就没有干不成的事业、实现不了的目标，中国号巨轮就一定能乘风破浪、行稳致远。

无限的过去都以现在为归宿，无限的未来都以现在为起点。今天，我们就站在创造未来的源头上。在以习近平同志为核心的党中央坚强领导下，全面贯彻习近平新时代中国特色社会主义思想，深刻领悟"两个确立"的决定性意义，增强"四个意识"、坚定"四个自信"、做到"两个维护"，决胜"十四五"，向着光明的未来阔步前进，这样的声音在耳畔回荡：

"我们必须走在时间前面，成为时代的弄潮儿。"

（《人民日报》2025年1月1日第4版）

致敬每一个挺膺担当的奋斗者
——习近平主席二〇二五年新年贺词启示录

人民日报评论员

"一起走过春夏秋冬，一道经历风雨彩虹，一个个瞬间定格在这不平凡的一年"。告别 2024 年，迎来 2025 年，我们在时间坐标上镌刻新的奋斗足迹。

新年前夕，习近平主席发表二〇二五年新年贺词，回望令人感慨、难以忘怀的过去一年，点赞无数为梦想拼搏的劳动者、建设者、创业者，指出光荣"属于每一个挺膺担当的奋斗者"，强调"中国式现代化必将在改革开放中开辟更加广阔的前景"。

关键时期、关键一年，铭记奋斗、彰显担当。

这一年，我们乱云飞渡仍从容。看外部，全球经济复苏乏力、不稳定不确定因素增多；看内部，国内需求不足，经济下行压力加大。顺利完成经济社会发展主要目标任务，中国式现代化迈出新的坚实步伐，我国经济展现出强大韧性和潜力……一年来，我们之所以取得来之不易的成绩，最根本的就在于以习近平同志为核心的党中央团结带领全党全国各族人民顶住压力、克服困难，沉着应变、综合施策，全国上下干字当头、主动作为，以挺膺担当的奋斗铺就发展向上的阶梯。

这一年，我们咬定青山不放松。中国式现代化，科技打头阵。新能源汽车年产量首次突破 1000 万辆，集成电路、人工智能、量子通信领域等取得重要进展，嫦娥六号、深中通道等重大成果持续涌现……一个个重要突破，见证创新驱动发展的铿锵步伐，为培育发展新质生产力注入充沛动能。无论是"从 0 到 1"的原创性、颠覆性创新，还是"从 1 到 100""从 100 到 N"的科技成果转化，我们在科技高峰上留下的每一个足迹、实现的每一步跨越，都是无数科技工作者创新求变、协同攻关的结果。

这一年，我们信心十足、力量十足。中国式现代化，民生为大，让人民过上幸福生活是头等大事。天水花牛苹果、东山澳角村，见证全面推进乡村振兴带来的山乡巨变；全国基础养老金月最低标准提高 20 元，新开工改造城镇老旧小区 5 万多个，折射在发展中保障和改善民生的不懈追求；消费品以旧换新政策整体带动相关产品销售额超 1 万亿元，存量房贷利率批量下调惠及 5000 万户家庭，诠释着以改革更好造福人民的发展逻辑。想人民之所想，行人民之所嘱，为人民而奋斗，我们就拥有最坚实的依托、最强大的底气。

中国式现代化是干出来的，幸福美好生活是奋斗出来的。对于奋斗者而言，时代是最大的舞台，时间是最大的变量。"彰显了青年一代的昂扬向上、自信阳光"的体育健儿，展现新风貌的人民子弟兵，面对自然灾害冲锋在前的广大党员干部，国家勋章和国家荣誉称号获得者……他们身上集中体现了新时代生生不息的中国力量、熠熠生辉的中国精神、自信昂扬的中国形象。与时代同行、同时间赛跑，唯有笃行不怠才能创造美好未来。新征程上，每一个人都是主角，在平凡岗位上兢兢业业、锐意进取，在国家发展进步中实现个人梦想，让奋斗成为好日子的底色，汇聚起的是不可阻挡的时代洪流。

时间的意义是奋斗赋予的，时间的价值是奋斗创造的。2025年是中国式现代化建设的又一个重要年份，我们要高质量完成"十四五"规划目标任务，为实现"十五五"良好开局打牢基础。我们的每一分努力都是在为未来铺路，每向前一步都离梦想更进一步。新的一年，使命在肩，让我们共同奋斗！

（《人民日报》2025年1月1日第2版）

乘着改革开放的时代大潮阔步前行
——习近平主席二○二五年新年贺词启示录

人民日报评论员

"党的二十届三中全会胜利召开，吹响进一步全面深化改革的号角。"在二○二五年新年贺词中，习近平主席回望过去一年改革开放迈出的历史性步伐，强调"我们乘着改革开放的时代大潮阔步前行，中国式现代化必将在改革开放中开辟更加广阔的前景"。

改革开放，当代中国最显著的特征、最壮丽的气象。过去一年很不平凡，令人鼓舞的发展成绩，凸显重要法宝的力量。

习近平主席在新年贺词中谈到，"深中通道踏浪海天"。作为全球首个集"桥、岛、隧、水下互通"于一体的跨海集群工程，深中通道开通不到 4 个月累计车流量突破 1000 万车次。超级工程何以造就，中国速度何以实现？传统的围堤吹填工艺无法满足工期要求，就创造性提出大型深插式钢圆筒围岛方案；已有装备无法满足巨大沉管的浮运要求，世界首艘浮运安装一体船"一航津安 1"横空出世。发展建设出题目，改革创新做文章。一项项新技术、新工艺，助力深中大桥安卧于伶仃洋上。激扬改革活力、创新动力，我们在不断破解难题中开辟前进的道路。

改革开放，既是国家发展的命运所系，又是人民群众的福祉所依。在当地银行普惠金融贷款的支持下，福建漳州东山县澳角村村民林文期的海马养殖逐步走上正轨，他也成为周边闻名的养殖大户；在重庆万盛经开区开精品水果店的韦玮，没想到"个转企"直接转型登记只花了 1 个多钟头；在湖北孝感参保并长期在山东威海居住的龚先生，受益于门诊慢特病扩围病种跨省直接结算的开通，再也不用自己垫付医药费、攒发票回原参保地报销了。一个个看得见、摸得着的变化，一份份触手可及的获得感，标注下过去一年实打实的改革红利和成效。

改革开放只有进行时，没有完成时。决胜"十四五"，阔步新征程，以高质量发展全面推进中国式现代化，必须把进一步全面深化改革作为根本动力，谱写改革开放新篇章。

爬坡过坎，尤需激扬改革精神、勇于改革攻坚。今天的中国行进到关键时期，愈进愈难、愈进愈险，而又不进则退、非进不可。靠什么闯关夺隘，靠什么一往无前？靠的就是"要登绝顶莫辞劳"的劲头，靠的就是"逢山开路，遇水架桥"的意志。发扬历史主动，写好"实践续篇""时代新篇"，我们定能为中国式现代化蓄势赋能，推动中国号巨轮行稳致远。

翻过一山再攀一峰，必须锚定改革方向、抓住改革重点。新的一年，改革发展稳定任务十分繁重。如何解决"不能消费""不愿消费""不敢消费"的难题，全方位扩大国内需求？

如何消除产权保护不够完善、市场准入仍不统一等堵点，答好全国统一大市场建设的课题？如何破解部分行业"内卷式"竞争加剧，导致企业经营困难、行业陷入困境的问题？凡此，都迫切要求我们发挥经济体制改革牵引作用，善于运用科学的方法，注重各类政策和改革开放举措的协调配合，推动精准落地见效，引领高质量发展不断迈上新台阶。

向深水区挺进，需要凝聚改革智慧、汇聚改革合力。今天的改革，不是在游泳池里的熟门熟路，而是在湍急的河里找到新路。前无古人的开创性事业没有先例可循，每向前一步都是在无人区开拓，新情况新问题层出不穷，我们不能刻舟求剑、守株待兔，必须在落实好顶层设计的基础上，在实践中去大胆探索，创造可复制、可推广的新鲜经验。改革开放是亿万人民自己的事业，充分尊重基层和群众首创精神，把每一个人的智慧和力量凝聚起来，推动改革向深度和广度进军，我们将不断赢得优势和未来。

大江大河虽有冲波逆折，却总是奔涌向前。中国经济虽有一时起伏，但不改趋势向好。回望过去，我们从来都是在风雨洗礼中成长、在历经考验中壮大。面向未来，保持战略定力，以改革开放增动力、添活力，激扬敢为人先、干事创业的精气神，坚定不移办好自己的事，我们一定能全面完成经济社会发展目标任务，以高质量发展的实际成效全面推进强国建设、民族复兴伟业。

（《人民日报》2025年1月2日第1版）

为维护世界和平稳定注入更多正能量

——习近平主席二〇二五年新年贺词启示录

人民日报评论员

"当今世界变乱交织，中国作为负责任大国，积极推动全球治理变革，深化全球南方团结合作。"在二〇二五年新年贺词中，习近平主席回顾过去一年中国特色大国外交迈出的铿锵步伐，强调"中国愿同各国一道，做友好合作的践行者、文明互鉴的推动者、构建人类命运共同体的参与者，共同开创世界的美好未来"。

过去一年，一个个务实的中国主张、中国方案、中国行动，诠释着命运与共、同球共济精神，铭刻下为人类谋进步、为世界谋大同的勇毅担当。

三大主场外交，4次重要出访，130多场外事会谈会见，近百封贺信复信贺电……沉甸甸的数字记录元首外交丰硕成果。阐释"全球治理观"，引领"大金砖合作"，宣布支持"全球南方"合作八项举措，明确中非携手推进现代化"六大主张"，习近平主席提出一系列重大理念和举措，为全球发展和治理提供方案。从斡旋缅北和平到支持阿富汗和平重建，中国积极为恢复世界和平奔走，为世界和平贡献力量。

以友为桥、以心相交，越来越多国家加入构建人类命运共同体行列中。以高质量共建"一带一路"这个实践平台观之，"从钱凯到上海"全球瞩目，这条新时代亚拉陆海新通道铺就繁荣幸福之路，这是以大联通推动大发展的成果；中欧班列累计开行突破 10 万列，发送货物超 1100 万标准箱，开行万列所需时间从最初的 90 个月缩短为 6 个月，这是高质量发展跑出的"加速度"。"言必信、行必果"的实际行动，折射"中国式现代化不是中国独善其身的现代化"的崇高追求，标注"以中国新发展为世界提供新机遇"的不懈努力。

习近平主席深刻指出："世界百年变局加速演进，需要以宽广胸襟超越隔阂冲突，以博大情怀关照人类命运。"站在人类发展新的十字路口，各种新旧问题与复杂矛盾叠加碰撞、交织发酵，和平赤字、发展赤字、安全赤字、治理赤字不减反增。坚定不移走和平发展道路，回答"世界向何处去、人类怎么办"，携手各方在时代的风浪中谋大势、担大义、行大道，这是中国作为负责任大国的坚定选择。

做友好合作的践行者，才能互利共赢。从维护全球经贸稳定，到应对气候变化、加强人工智能治理、实现可持续发展、促进绿色低碳转型……全球性挑战层出不穷，单打独斗行不通，独善其身做不到，必须开展全球行动、全球应对、全球合作。"合作不论大小，只要真诚，就会有丰硕成果。"我们将不断拓展合作领域、扩大合作范围、提升合作层次，互帮互助、互惠互利，让合作的蛋糕越做越大，让发展的力量越聚越强。

做文明互鉴的推动者，才能共同进步。"中国可以成功，其他发展中国家同样可以成功。"在二十国集团领导人里约热内卢峰会上，习近平主席向世界讲述中国脱贫历程为发展中国家带来的启示，既是治国理政经验的真诚分享，也是文明交流互鉴的生动案例。人类文明多样性是人类进步的源泉。深入践行全球文明倡议，以交流跨越隔阂、以互鉴代替冲突，在"双向奔赴"中促进各国相知相亲，定能让世界文明百花园姹紫嫣红、生机盎然。

做构建人类命运共同体的参与者，才能开创未来。全球休戚相关，人类福祸相依。乘坐在命运与共的大船上，各国人民不仅是同船人，更是一家人。各国携起手来，把"我"融入"我们"，推动建设持久和平、普遍安全、共同繁荣、开放包容、清洁美丽的世界，就能书写构建人类命运共同体新篇。

今天的中国紧密联系世界，成为动荡变革世界中的稳定力量、合作力量、进步力量，我们更加坚定"中国发展离不开世界，世界发展也需要中国"。有这样的定力和自信，并付诸持之以恒的努力，我们定能为维护世界和平稳定注入更多正能量，同世界各国一道共绘人类文明壮丽画卷。

（《人民日报》2025年1月3日第1版）

让人民过上幸福生活是头等大事

——习近平主席二〇二五年新年贺词启示录

人民日报评论员

"家事国事天下事，让人民过上幸福生活是头等大事。"在二〇二五年新年贺词中，习近平主席强调："我们要一起努力，不断提升社会建设和治理水平，持续营造和谐包容的氛围，把老百姓身边的大事小情解决好，让大家笑容更多、心里更暖。"

过去一年，习近平总书记在国内考察调研的足迹遍布 12 省区市和澳门特别行政区，始终心系人民群众的安危冷暖，挂念着老百姓的急难愁盼。在天津西青区辛口镇第六埠村，同村民一家人拉家常，一笔一笔算灾情损失和灾后生产发展、就业增收账；走进甘肃天水麦积区南山花牛苹果基地，看一渠洮河水"解了燃眉之急"，嘱咐"要多抓这样造福人民的工程，切实解决老百姓面临的生产生活问题"。岁月更迭，情怀如初；行程万里，人民至上。这彰显了真切炽热的人民情怀，诠释着"中国式现代化，民生为大"的不懈追求。

翻开过去一年沉甸甸的民生"成绩单"，有实打实的改革红利，有精准施策的务实举措，有可感可及的发展实惠。得益于普惠托育服务体系建设，湖南长沙居民郑思远不到一岁的孩子有社区托育照顾，家里的负担减轻了许多；受益于紧密型县域医疗共同体建设，突发脑卒中的福建安溪县张大爷能够就近治疗、在线诊断，享受到更加快捷优质的医疗服务。基础养老金提高了，房贷利率下调了，以旧换新让消费者得实惠，全国跨省异地就医直接结算惠及参保群众上亿人次……一桩桩一件件，夯实民生之基，厚植人民福祉，提升发展温度，擦亮价值底色。

习近平主席强调："家家户户都盼着孩子能有好的教育，老人能有好的养老服务，年轻人能有更多发展机会。这些朴实的愿望，就是对美好生活的向往。"中国式现代化，以人民为中心，以实现人的自由全面发展为最终目标，以人民满意不满意为评价标准。牢记"让人民过上幸福生活是头等大事"，多推出一些群众所急、所需、所盼的改革举措，多办一些惠民生、暖民心、顺民意的实事，才能让改革发展成果更多更公平惠及全体人民。

民生既连着家事，也连着国事，是民心所向，也是发展所需。全面把握发展和民生的辩证关系，加大保障和改善民生力度，不仅能更好满足人民群众多样化、高品质生活需求，增强人民群众获得感幸福感安全感，也能更好释放国内市场需求潜力。党的二十届三中全会《决定》提出完善收入分配和就业制度、健全社会保障体系、增强基本公共服务均衡性和可及性等举措。把这些改革举措落地落实，必须坚持问需、问计于民，注重从老百姓急难愁盼中找准改革发力点和突破口，推动民生工作件件有着落、事事有回音，让老百姓看到变化、得到实惠。

做好民生工作，既要用心用情用力，也要耐心细心精心。外部环境不利影响加深、内部经济运行面临挑战，如何落实好帮扶政策，确保不发生规模性返贫致贫，持续推动中低收入群体增收致富？就业是最基本的民生，事关人民群众切身利益，如何把重点领域、重点行业、城乡基层和中小微企业就业支持计划实施好，促进重点群体就业？面对人口老龄化程度加深，如何扩大普惠养老服务覆盖面，不断提高养老服务供给水平？凡此，都需要我们扛起责任、创新思路、奋发有为，把各项民生实事办到群众心坎上。

幸福生活不会从天而降，而是要靠实干奋斗创造出来。"十四五"规划收官之年，改革发展稳定任务十分繁重。既锚定现代化方向的人民性，从人民群众的朴素愿望中找到工作着力点，又坚持干字当头，看准了就抓紧干，干一件成一件，定能在高质量发展中不断增进民生福祉，托起亿万人民"稳稳的幸福"。

（《人民日报》2025 年 1 月 4 日第 1 版）

新征程上每一个人都是主角

——习近平主席二〇二五年新年贺词启示录

人民日报评论员

"梦虽遥，追则能达；愿虽艰，持则可圆。"在二〇二五年新年贺词中，习近平主席深刻指出："中国式现代化的新征程上，每一个人都是主角，每一份付出都弥足珍贵，每一束光芒都熠熠生辉。"

中国式现代化是亿万人民自己的事业，人民是中国式现代化的逻辑起点和价值旨归。习近平主席在新年贺词中指出："绿色低碳发展纵深推进，美丽中国画卷徐徐铺展。"塔克拉玛干沙漠实现 3046 公里生态屏障全面锁边"合龙"；清洁能源供热，让青藏高原上近 20 万群众住上"暖房子"；城市建成区绿化覆盖率提高到 42.69%，市民在家门口就能享有"诗和远方"。从启动全国温室气体自愿减排交易市场，到新能源乘用车国内月度零售销量首次超过传统燃油乘用车，再到绿色低碳的生活方式蔚然成风……生态文明建设取得丰硕成果，人民群众既是参与者、见证者，又是获得者、受益者。坚持全体人民共同参与、共同建设、共同享有，中国式现代化成为人民对美好生活的向往所在，成为不断增进民生福祉、实现共同富裕的必由之路。亿万人民不断焕发出强烈的主人翁精神，在党的坚强领导下和衷共济、共襄大业。

人民是历史的创造者，是中国式现代化的主体。"每一个人都是主角"的鲜明论断，揭示的正是中国发展进步的内在逻辑。大国工匠张连钢，是山东港口集团全自动化码头建设创新团队的带头人，以"拼命干不一定干好，不拼命干肯定干不好"的精神带领团队实现软硬件设备全部国产化，并把相关技术推广到共建"一带一路"国家。北京延庆区八达岭镇石峡村80岁的村民梅景田，是全国近7000名长城保护员中的一分子，他们所守护的不仅是文化遗产，更是一份精神的薪火相传。尊重人民群众主体地位和首创精神，把人民群众中蕴藏的智慧和力量汇聚起来，把全社会创新创造潜能充分激发出来，中国式现代化就拥有最坚实的根基、最深厚的力量。

当前，处在中国式现代化建设的关键时期，摆在我们面前的是更加艰巨繁重的改革发展稳定任务，是"绕不开、躲不过"的沟沟坎坎。我们所要创造的复兴伟业，不是风平浪静下的马到成功，不是鲜花掌声中的坐享其成。唯有凝心聚力、实干奋斗，才能梦想成真。在机遇面前主动出击，在困难面前迎难而上，在风险面前积极应对，呼唤中华儿女做挺膺担当的奋斗者、创新发展的开拓者。

"我们共同造就了超级工程，超级工程也让我们拥有了人生的高光时刻"，这是参与深中通道建设的工程师的切身感悟。中国式现代化建设，干事创业的舞台更加广阔，实现梦想的前景无比光明。无论是在嫦娥探月等重大工程中，年轻科技工作者脱颖而出、勇挑重担，还是在推进乡村全面振兴的火热实践中，一大批返乡创业者成长为致富带头人，抑或是在产业结构转型升级的发展跃升中，无数技能人才凭借精湛技艺实现人生出彩……把个人的理想追求融入党和国家事业之中，志存高远、脚踏实地，我们就能在助力国家发展中实现个人价值，在推动时代进步中展现人生风采。

从历史深处澎湃而来，向着民族复兴奔涌而去，中国式现代化已经展开壮美画卷，呈现出光明灿烂的前景。新的画卷需要我们共同描绘，新的历史需要我们共同开创。我们要更加紧密地团结在以习近平同志为核心的党中央周围，勇担时代重任，增强主角意识，满腔热忱投入中国式现代化建设中，用汗水和奋斗创造更加美好的未来。我们相信，新征程上，每一个主角向前迈出的每一步，叠加起来就是不可阻挡的发展之势，每一份拼搏奋斗都将汇聚成昂扬奋进的时代洪流！

（《人民日报》2025 年 1 月 5 日第 1 版）

做创新的引领者、推动者

邹 翔

　　湖北省武汉市东湖高新区，上世纪 70 年代，这里还是一片荒野之地，因距离主城区较远，一度被称作武汉地图外两厘米的地方。然而数十年间，我国第一家科技企业孵化器、第一个光通信国际标准、第一款商用存储芯片、第一个 400G 硅光模块、全球首款 128 层三维闪存芯片、全球首个超高通量"火眼"实验室相继在此诞生。如今，这里已成为全球最大的光纤光缆研制基地和我国最大的激光产业基地之一，它也有了一个更为响亮的名字——"中国光谷"。

　　从一域的"荒地"到发展的"高地"，光谷崛起的密码是什么？答案就是"创新"。创新是光谷最亮眼的底色。内生创新、革故鼎新，光谷从未停止过争先的脚步。更为关键的是，这里出台了一系列支持创业者遭遇"失败"后渡过难关的政策举措，打造了一种热带雨林式的创新生态，形成了一种崇实求新、开放包容的创新氛围。有创业者感慨："在光谷，创业失败并不可耻，而是为下次成功铺路。"将创新刻进基因、使创业成为风尚，催生了从"一束光"到"创新城"的蝶变，也带给我们启示：创新之花总是盛开在勇于创新、鼓励成功、宽容失败的土壤之上。

惟创新者进，惟创新者强，惟创新者胜。创新是民族进步的灵魂，是一个国家兴旺发达的不竭源泉，也是中华民族最深沉的民族禀赋。习近平总书记强调："各级领导干部要加快转变不适应创新发展要求的思想观念、思维方式、行为方式和工作方法，真正成为创新的引领者、推动者。"在强国建设、民族复兴新征程上，只有坚持创新在我国现代化建设全局中的核心地位，顺应时代发展要求，着眼于解决重大理论和实践问题，积极识变应变求变，大力推进理论创新、实践创新、制度创新、文化创新以及其他各方面创新，才能不断开辟发展新领域新赛道，塑造发展新动能新优势。

不创新不行，创新慢了也不行，但"创新从来都是九死一生"的清醒也道出了创新的不易。创新是一种探索性的实践，意味着走别人没有走过的路、做前人没有做过的事，总是与风险相生相伴，有时甚至荆棘丛生、困难重重。创新之路上，失败比成功更常见，真正的成功往往藏在无数次失败之后。正如钱学森所说，"没有大量错误作台阶，也就登不上最后正确结果的高座"。尤其是实现从"0"到"1"的原创性突破，需要开拓者们勇闯前所未知的"无人区"、攀登人迹罕至的"高寒带"，为他们提供全方位的"后勤保障"至关重要。勇于给创新松绑，善于为创新开道，敢于为创新者撑腰鼓劲，才能激发全社会干事创业活力，让干部敢为、地方敢闯、企业敢干、群众敢首创。

创新从来不是无源之水、无本之木，需要涵养崇尚创新的制度，需要培厚鼓励创新的文化，需要打造支撑创新的环境载体。这就要求破除一切束缚创新驱动发展的观念和体制机制障碍，向制约创新的难题"下狠手、动真刀"，把不利于创新的绊脚石一一搬走，同时推动创新思维融入社会生活方方面面，使之成为一种生活习惯、一种价值导向、一种时代风尚，最大限度释放创新创业创造动能。

"不日新者必日退"。生活总是将成功的机会留给善于和勇于创新的人，谁排斥变革，谁拒绝创新，谁就会落后于时代，谁就会被历史淘汰。新时代新征程上，做创新的引领者、推动者，转变不适应创新发展要求的思想观念、思维方式、行为方式和工作方法，行动要快些、再快些。

（《人民日报》2024年1月8日第4版）

坚定弘扬全人类共同价值

　　当今世界正面临百年未有之大变局，化解人类面临的突出矛盾和问题，需要依靠物质的手段攻坚克难，也需要依靠精神的力量诚意正心。习近平主席站在全人类共同利益高度，提出坚守和弘扬和平、发展、公平、正义、民主、自由的全人类共同价值，为推动构建人类命运共同体提供了价值支撑，为人类文明朝着正确方向发展注入了强大精神动力，为共同建设美好世界提供了正确理念指引。

　　人类生活在同一个地球村里，越来越成为你中有我、我中有你的命运共同体，客观存在共同利益，必然要求共同价值。2015 年 9 月，习近平主席出席第七十届联合国大会一般性辩论并发表重要讲话，首次提出全人类共同价值并阐释其基本内涵。此后在许多重要双多边场合，习近平主席围绕全人类共同价值提出一系列新理念、新主张。倡导弘扬全人类共同价值，彰显了大党大国领袖的天下情怀和责任担当。

推动构建人类命运共同体，尤其需要凝聚各国人民的价值共识、汇聚各国人民的精神力量。和平与发展是各国的共同事业，公平正义是各国的共同理想，民主自由是各国的共同追求。全人类共同价值画出了世界各国人民普遍认同的价值理念的最大同心圆，超越了意识形态、社会制度和发展水平差异，揭示了构建人类命运共同体理念深邃的价值内涵，为建设持久和平、普遍安全、共同繁荣、开放包容、清洁美丽的世界提供了价值基石。全人类共同价值的六大要素贯通了个人、社会、国家、世界多个层面，蕴含着不同文明对价值内涵和价值实现的共通点，有利于把全人类意志和力量凝聚起来，共同应对各种全球性挑战，让人类命运共同体建设的阳光普照世界。

全人类共同价值倡导求同存异、和而不同，充分尊重文明的多样性，尊重各国自主选择社会制度和发展道路的权利。针对人类文明多元多样的客观现实，全人类共同价值坚持普遍性与特殊性相统一，既弘扬促进人类发展进步的共同价值，也尊重不同国家、不同文明在价值实现路径上的特殊性差异性，超越了所谓"普世价值"的狭隘历史局限。日本前首相鸠山由纪夫表示，各国虽然社会制度不同，但都应着眼于弘扬和平、发展、公平、正义、民主、自由等共同价值，如果过分关注价值观和政策上的差异，就很容易掉入零和博弈的陷阱。

全人类共同价值将中华民族鲜明的价值追求延展至世界维

度，为世界文明朝着平衡、积极、向善的方向发展提供助力。中国坚定倡导和积极践行全人类共同价值，矢志不渝促进人类和平与发展事业，在动荡变革的世界为人类文明发展进步作出贡献。英国知名学者马丁·雅克表示，中华文明具有巨大的包容性，深刻影响着中国的政策主张，从构建人类命运共同体理念，到共建"一带一路"倡议，再到全球发展倡议、全球安全倡议、全球文明倡议，中国方案着眼于维护全球共同利益，尤其惠及广大发展中国家。"全人类共同价值超越对抗思维的局限性，展现出具有突破性的吸引力""弘扬全人类共同价值，就是各国在实现自身发展的基础上，以自身文明发展成果不断丰富全人类共同价值的内涵"……国际人士的积极评价，彰显出全人类共同价值的感召力和影响力。

全人类共同价值是人类文明的共同财富，也是破解当今时代难题的钥匙。构建人类命运共同体，必须以践行全人类共同价值为普遍遵循。中国愿同各国交流互鉴、携手合作，共同弘扬全人类共同价值，携手应对全球共同挑战，推动构建人类命运共同体，为人类文明发展进步作出更大贡献。

（《人民日报》2024 年 1 月 11 日第 4 版）

迎着春风，实干前行

李　斌

"愿得长如此，年年物候新。"春节假期一过，许多地方和单位以时不我待的精气神迅速开展工作，以积极作为的新举措开拓事业新局面。各类社交平台上，"开工大吉"成为热门话题，大家都在凝心聚力鼓干劲、全力以赴新征程。大有可为、大可作为的新一年，令人充满期待。

春回天地间，奋斗正当时。春光渐好，信心愈坚：新质生产力势头好，高质量发展动能足，新发展格局活力涌，分布在全国各地的重大建设项目工地现场一片热气腾腾。春风浩荡，新意满目：从推进经济社会发展全面绿色转型到加快形成支持全面创新的基础制度，从建立高标准市场体系到扩大高水平对外开放，全面深化改革精准发力、协同发力、持续发力，为中国式现代化持续提供动力。亿万人民正在用自强不息的奋斗和日新月异的创造，描绘着锦绣中国未来的模样。

岁月不居，时节如流。只有走在正确的道路上，才能做时间的朋友，在漫长的岁月中书写历史、创造诗篇。从"一万年太久，只争朝夕"的劲头，到"时间就是金钱，效率就是生命"的观念，再到"同时间赛跑、同历史并进"的状态，党和人民以只争朝夕的奋进姿态，在人类的伟大时间历史中创造了中华民族的伟大历史时间。如今，以中国式现代化全面推进强国建设、民族复兴伟业，我们正走在追求美好幸福生活的光明之路上。时间中藏着怎样的美好、酝酿怎样的奇迹，每一个奋斗者都将是亲历者、见证者。

一往无前，永不停歇，奋斗以梦想为帆。习近平总书记深刻指出："以中国式现代化全面推进强国建设、民族复兴伟业，是新时代新征程党和国家的中心任务，是新时代最大的政治。"胸怀"国之大者"、矢志团结奋斗，关键就要紧紧围绕这个最大的政治，凝聚起全面建设社会主义现代化国家的磅礴伟力，用汗水浇灌收获，以实干笃定前行。

一寸光阴一寸金。在广袤田野、在建设工地、在创业平台、在实验站房，人们正用不懈奋斗、担当作为回馈时光、不负梦想。岗位上精准利用好每一分每一秒时间，才能够创造出更多推动经济社会发展进步的宝贵财富。历史证明，惟奋斗才能不负时间，惟实干才是把握历史主动的方法。我们始终坚信，脚踏实地把每件平凡的事做好，一切平凡的人都可以获得不平凡的人生，一切平凡的工作都可以创造不平凡的成就。

习近平总书记勉励全国人民"振奋龙马精神，以龙腾虎跃、鱼跃龙门的干劲闯劲，开拓创新、拼搏奉献，共同书写中国式现代化建设新篇章"，鼓舞人心的话语，浓浓暖意让人如沐春风，铿锵力量令人意气风发。让我们不负春光，起而行之，一起创造美好未来。

（《人民日报》2024 年 2 月 26 日第 4 版）

坚定信心，实干笃行

桂从路

人勤春来早。走进天津西青区第六埠村，蔬菜大棚里一畦畦绿叶菜长势喜人，农户们忙着采摘、发货。去年受极端降雨影响，第六埠村的大片土地、2000多个大棚被淹没，在党和政府支持下，大棚修复、补种抢种，这里很快恢复了生产。谈及未来，村民杜洪刚充满信心："大棚如今已经重新建起来，芹菜马上就能上市，我相信咱的日子就跟这往上蹿的菜一样，越过越好。"

田间地头的忙碌，折射发展的热气腾腾；一句"越过越好"，道出十足干劲。正如习近平总书记在二〇二四年新年贺词中指出："大家记住了一年的不易，也对未来充满信心。"

回首过往的奋斗路，我们遭遇的困难挑战何其多！正是每个人用汗水浇灌收获，汇聚起昂扬奋进的时代潮流，千年小康梦、百年富强梦、飞天寰宇梦、蛟龙蹈海梦、国产航母梦……始终坚定信心、勇毅前行，我们把一个个"不可能"变成"一定能"。

"狭路相逢勇者胜"，与困难角力、与阻力对垒，只有坚定必胜信心、激扬奋进伟力，克服一切不利条件去争取胜利，才能踏平坎坷、筑就坦途。奋进新征程，处在前所未有的变革时代，干着前无古人的伟大事业，我们不知还要爬多少坡、过多少坎、经历多少风风雨雨、克服多少艰难险阻。面对"一山放出一山拦"，尤须保持"咬定青山不放松"的定力，鼓足"越是艰险越向前"的精气神，以生龙活虎、龙腾虎跃的干劲，把宏伟蓝图一步步变成美好现实，才能迎来"轻舟已过万重山"的境界。

信心从何而来？源自"时与势在我们一边"的深刻洞察，源自"我国发展面临的有利条件强于不利因素"的科学判断。经济总量超过126万亿元，折射我国经济体魄强健、筋骨壮实；粮食生产实现"二十连丰"，见证依靠自己力量把饭碗端得更稳更牢；新能源汽车、锂电池、光伏产品出口快速增长，体现新质生产力带来的强劲推动力、支撑力；国产新手机一机难求，彰显中国的创新动力、发展活力。今天的中国行驶在高质量发展的航道上，"稳"的基础更扎实，"进"的动能更强劲，中国经济长期向好的基本面没有变也不会变。前不久，国际货币基金组织上调了2024年中国经济的增长预期。"中国经济前景光明""今日中国正在成为一个与众不同的新型大国，是一个富有活力的经济体"……这是人们的共识。

　　信心从来不是盲目乐观，而是在乱云飞渡中保持"走好自己的路"的定力，在攻坚克难中坚定"办好自己的事"的决心。去年一些企业面临经营压力，有的中小企业订单一度骤减，如何破解难题？福建晋江开展"千名干部进千企、一企一策促发展"专项行动。深入企业"听心声"，奔着问题去，找到解决问题的方案，当好服务企业的"店小二"，助力企业发展提质增效。当地干部感慨："把情况摸清、把问题找准、把对策提实，我们始终对发展充满信心。"正所谓"只要思想不滑坡，方法总比困难多"。完整、准确、全面贯彻新发展理念，有效应对和解决"前进中的问题、发展中的烦恼"，我们有信心、有能力实现既定目标，确保中国式现代化行稳致远。

　　信心赛过黄金。新的春天、新的奋斗、新的进发，只要坚定信心、勇往直前，把奋斗刻写进历史的年轮，我们必将拥抱更加美好的生活。

（《人民日报》2024年3月1日第6版）

当好坚定行动派、实干家

赵　成

"要抓住一切有利时机，利用一切有利条件，看准了就抓紧干，把各方面的干劲带起来。" 3 月 5 日，习近平总书记在参加十四届全国人大二次会议江苏代表团审议时强调，要继续巩固和增强经济回升向好态势，提振全社会发展信心，党员干部首先要坚定信心、真抓实干。

干事担事，是干部职责所在，也是价值所在。把中国式现代化这一前无古人的伟大事业不断向前推进，艰巨性和复杂性前所未有，尤其需要党员干部当好坚定行动派、实干家，真抓实干、埋头苦干、善作善成。

当好坚定行动派、实干家，要求党员干部坚持系统观念，胸怀"国之大者"，站在全局和战略的高度想问题、办事情，多打大算盘、算大账。推进中国式现代化是一个系统工程，需要统筹兼顾、系统谋划、整体推进。生态治理，要以改革的思路、技术的力量、转型的方式、市场的手段，系统推进生态保护修复、破解生态环境突出问题；发展新质生产力，科技创新起主导作用，各地要坚持从实际出发，先立后破、因地制宜、分类指导……越是任务艰巨，越需要坚持用全面、辩证、长远的眼光去认识问题，加强战略性、系统性、前瞻性研究谋划，整体把握新时代新征程党和国家事业发展的目标任务、战略部署、重大举措，务实功、出实招、求实效，从全局谋划一域、以一域服务全局。

当好坚定行动派、实干家，需强化精准思维，扑下身子当好"施工队长"，以工匠精神练就绣花功夫，精细施策、精准发力，把各项工作做扎实、做到位。干一行、爱一行，专一行、精一行。党员干部要发扬工匠精神，牢固树立为民造福的政绩观，保持一张蓝图绘到底的战略定力，锤炼一丝不苟、追求卓越的工作作风，展现锐意进取、攻坚克难的坚韧执着，练就抓落实的"金刚钻"，一步一个脚印，扎扎实实、踏踏实实把强国建设、民族复兴伟业不断推向前进。

当好坚定行动派、实干家，要时刻保持箭在弦上的备战姿态，坚持底线思维、增强忧患意识，将"时时放心不下"的责任感切实转化为"事事心中有底"的行动力。心中有底，一方面要发扬自我革命精神，增强纪律意识规矩意识，保持反躬自省的自觉、如临如履的谨慎、严管严治的担当，守住做人、处事、用权、交友的底线；一方面要居安思危、未雨绸缪，凡事从最坏处着眼、向最好处努力，下好先手棋，打好主动仗，对各种风险见之于未萌、化之于未发，统筹发展和安全，坚持有所为有所不为，以自身工作的确定性应对形势变化的不确定性，通过顽强斗争打开事业发展新天地。

大道至简，实干为要。新征程上，广大党员干部坚定信心，真抓实干、埋头苦干、善作善成，定能调动广大人民群众的积极性、主动性、创造性，凝聚起以中国式现代化全面推进强国建设、民族复兴伟业的磅礴力量。

（《人民日报》2024 年 3 月 19 日第 19 版）

保持定力往前走

吴储岐

"只要看到我们是在往前走着，就要保持定力。" 3 月 6 日，习近平总书记在看望参加全国政协十四届二次会议的民革、科技界、环境资源界委员时强调。

事物的发展，总是波浪式前进、螺旋式上升的。当今世界正经历百年未有之大变局，我国改革发展进入攻坚期、深水区。无论是生态环境高水平保护，还是经济高质量发展，各项改革发展的过程中必然会遇到困难和挑战。风险挑战面前，怎么看、怎么办，需要党员干部保持战略定力，准确判断时与势、危与机、利与弊，坚定不移沿着既定目标和方向前进，做到"任凭风浪起，稳坐钓鱼台"。

要把谋事和谋势、谋当下和谋未来统一起来。善弈者谋势，善谋者致远。势，蕴含着事物发展规律的必然性。党的十八大以来，从高质量发展引领经济转型升级，到科技自立自强破解"卡脖子"问题，再到构建新发展格局应对外部环境变化……正是党中央在战略上的前瞻性考量，使我国在面对不确定性因素时总能化危为机。在谋一域发展时，党员干部要从大处着眼，把全局布好、框架搭好，同时对趋势性问题保持前瞻性和预见性，练就草摇叶响知鹿过、松风一起知虎来、一叶易色而知天下秋的见微知著能力，在千变万化中始终保持战略定力，牢牢掌握战略主动权。

要把战略的原则性和策略的灵活性有机结合起来。推进中国式现代化是一个系统工程，尤其需要统筹兼顾、系统谋划、整体推进，正确处理好包括战略与策略在内的一系列重大关系。真正让党中央各项决策部署落地见效，需要党员干部紧密结合自身实际，创造性开展工作。推进乡村全面振兴，党员干部既要抓好产业振兴这个重中之重，又要因地制宜、因势利导、科学规划发展特色产业，立足特色资源、关注市场需求、激发内生动力，才能真正实现产业兴、百姓富。做好各项工作都是如此，党员干部当从战略上找准方向，从策略上破解难题，不断增强工作的系统性、预见性、创造性。

要把制定目标和狠抓落实结合起来。看到了事物发展的趋势，厘清了长远战略和当下策略，就要立即行动起来，以钉钉子精神把各项工作抓实抓到位。因地制宜发展新质生产力，北京深化技术攻关"揭榜挂帅""赛马"等政策创新，支持科技领军企业发挥"链主"作用，组建创新联合体，探索产学研深度融合新范式；服务和融入新发展格局，上海连续 7 年举行优化营商环境大会并出台行动方案，一年更新一个版本，持续打造国际一流营商环境……面对高质量发展这一全面建设社会主义现代化国家的首要任务，各地瞄准目标、找准定位，明确施工图和时间表。广大党员干部发扬求真务实、真抓实干的作风，持之以恒、久久为功，努力将宏伟蓝图变成美好现实。

新征程上，广大党员干部增强"咬定青山不放松"的定力和韧劲，真抓实干、埋头苦干、善作善成，定能干出实实在在的业绩，扎实推进中国式现代化。

（《人民日报》2024 年 3 月 26 日第 19 版）

自觉做勇于担当作为的不懈奋斗者

周人杰

推进中国式现代化，使命光荣、任务艰巨。习近平总书记寄语年轻干部："要自觉做勇于担当作为的不懈奋斗者，锐意改革创新，敢于善于斗争，愿挑最重的担子、能啃最硬的骨头、善接烫手的山芋，在直面问题、破解难题中不断打开工作新局面。"年轻干部要牢记嘱托，当好中国式现代化建设的坚定行动派、实干家，用不懈奋斗绘就青春底色，以勇于担当干出一番事业。

改革创新是事业发展的动力之基、活力之源。中国式现代化是一项前无古人的开创性事业，有许多未知领域，尤其需要在实践中去大胆探索，向改革要动力，向创新要活力。比如，面对加快形成新质生产力这个发展新课题，如何做好改革文章、构建新型生产关系、推动科技创新和制度创新，迫切需要因地制宜寻找新路径，创造可复制、可推广的新鲜经验。年轻干部要从对党和国家事业负责的高度，结合具体实际，发挥自身优势，勇于在前沿实践、未知领域开拓创新，自觉学习运用习近平新时代中国特色社会主义思想，寻求有效解决新矛盾新问题的思路和办法，为党和人民事业发展注入青春动力。

敢于善于斗争，是担当的必然要求。我们共产党人的斗争，从来都是奔着矛盾问题、风险挑战去的，是要通过斗争解决问题、推动发展进步。党员干部既要敢于斗争，有"那么一股子气"；也要善于斗争，有"两把刷子"。实际工作中，个别干部碰到矛盾和难题绕道走，不敢动真碰硬；或是能力水平与治理现代化要求不符，挑不起重担，不能吃劲；甚至有的在重大风险挑战面前底气不足、惊慌失措。年轻干部当引以为戒，矢志培养和保持顽强的斗争精神、坚韧的斗争意志、高超的斗争本领，在直面问题、破解难题中不断打开工作新局面。

干事担事，是干部的职责所在，也是价值所在。"愿挑最重的担子、能啃最硬的骨头、善接烫手的山芋"，"愿"字说的是决心，"能"字说的是本领，"善"字说的是方法，指明的是干事创业的认识论和方法论。不论在哪个岗位、担任什么职务，年轻干部都必须增强为党和人民担苦担难担重担险的思想自觉和行动自觉，在急难险重的任务中扛重活、打硬仗，到基层一线经风雨、见世面，在摸爬滚打中磨出一副宽肩膀、铁肩膀，在层层历练中强壮筋骨，成长为可堪大用、能担重任的栋梁之才。

（《人民日报》2024 年 3 月 29 日第 4 版）

在劳动中锤炼优良作风

李洪兴

前不久，一张"这个动作，数十年未变"的海报在全网刷屏。照片中，习近平总书记肩扛铁锹、面带微笑、阔步向前，参加首都义务植树活动。翻看老照片，30 多年前，时任福建宁德地委书记的习近平同志，也是一把锄头扛肩上，意气风发走在劳动队伍的前列。时光荏苒，初心不改，情怀不变。人民领袖肩扛劳动工具，同干部群众一起走向劳动现场，带头示范着"不能忽视'劳'的作用"，引领全社会崇尚劳动、热爱劳动、辛勤劳动、诚实劳动。

习近平总书记指出："劳动，是共产党人保持政治本色的重要途径，是共产党人保持政治肌体健康的重要手段，也是共产党人发扬优良作风、自觉抵御'四风'的重要保障。"党员、干部要带头弘扬劳动精神，在各自岗位上勤奋工作、踏实劳动，在劳动中增进同群众的感情，锤炼优良作风，团结带领群众一起用双手创造美好生活。

劳动砥砺初心。党员、干部带头辛勤劳动、诚实劳动，是对劳动和创造的认可和礼赞。马克思在青年时代就树立了"为人类福利而劳动"的职业理想，成为毕生的行动指南。1933年在江西瑞金沙洲坝，毛泽东同志挽起衣袖、卷起裤腿，铲土挖井，和群众一道打出了清澈甘甜的井水。打好劳动底色，铸就为民本色，方能成就更有价值的人生。

劳动养成作风。焦裕禄同志在河南兰考工作时要求干部深入农户，与群众同吃同住同劳动。基层是读不完的书，群众是最好的老师。干部与群众面对面沟通、肩并肩劳作，既能交朋友、听想法、察民情，又能很好解决长期坐办公室而产生的"机关病"。党员、干部"把屁股端端地坐在老百姓的这一面"，与群众想在一起、干在一起，就能始终保持党同人民群众的血肉联系，从人民群众那里获得无穷的力量。

劳动的内核是实干奋斗。在哈尔滨汽轮机厂有限责任公司，操控精度达0.001毫米级数控机床的特级技师董礼涛，为攻克技术难题，一扎进车间就是十几个小时。在宁波舟山港北仑第三集装箱码头有限公司，从独创高效率桥吊操作法到带动团队一同创新，桥吊班大班长竺士杰工作20余年始终精益求精。平凡岗位上的劳动者风采，生动诠释了一个哲理："劳动是财富的源泉，也是幸福的源泉。"历史前进的每一次跨越，无不凝结着亿万劳动群众的实干和奋斗。

一勤天下无难事。今天，无论是打通束缚新质生产力发展的堵点卡点，还是解决群众急难愁盼问题，都需要有那么一股子干劲、闯劲、钻劲。当好中国式现代化建设的坚定行动派、实干家，撸起袖子加油干，就一定能在时代洪流中留下无悔的奋斗足迹，创造出不负历史和人民的业绩。

（《人民日报》2024 年 4 月 30 日第 4 版）

增强干事创业的定力

张　洋

《关于在全党开展党纪学习教育的通知》指出，"进一步强化纪律意识、加强自我约束、提高免疫能力，增强政治定力、纪律定力、道德定力、抵腐定力，始终做到忠诚干净担当"。

定力，是一种信仰力、意志力、免疫力，是"一张蓝图绘到底"的历史耐心，是"任尔东西南北风"的笃定从容，是"富贵不染其心，利害不移其守"的品行操守。

新时代以来，习近平总书记多次强调要保持定力。"保持定力，增强信心，集中精力办好自己的事情，是我们应对各种风险挑战的关键""检验一名干部理想信念是否坚定，主要看其在重大政治考验面前有没有政治定力"……心定则谋定，谋定则事成。党员、干部要想矢志践行初心使命，干成一番事业，定力不可或缺。

劈开太行山，漳河穿山来。上世纪 60 年代，河南林州 10 万英雄儿女靠着一锤、一铲、两只手，逢山凿洞、遇沟架桥，越是艰险越向前，建成了"人工天河"红旗渠。一部民勤志，半部治沙史。甘肃民勤党员干部群众踔厉奋发、战风斗沙，一代接着一代干，实现从"沙进人退"到"绿进沙退"的华丽蜕变。创新没有捷径，尤需久久为功。黄旭华为研制核潜艇，30 年"干惊天动地事，做隐姓埋名人"。在他看来，"闷着搞科研是苦，可一旦有突破，其乐无穷。"不胜枚举的例子有力印证：保持定力、锐意奋进，奇迹就可以被创造。

定力，不是与生俱来的，而是在一次次思想淬炼、政治历练、实践锻炼中得以提升的。干事创业，难免遇到各种困难和挑战，我们应锚定目标、坚定立场、勇毅前行，做一个有志气、有骨气、有底气的人；也会遇到各种纷扰和诱惑，我们应沉得住气、静得下心，学会用平和、淡泊乃至敬畏之心对待名利和权位，用珍惜、感恩和进取之心对待组织和事业，做一个心灵干净、高尚纯粹的人。"花繁柳密处拨得开，才是手段；风狂雨急时立得定，方见脚跟。"实践中，越是接近目标，越是形势复杂，越要把准方向、守住内心、站稳脚跟，这磨炼和考验的正是我们的定力。

从根本上说，定力的底色是信仰。理想信念越坚定，定力就越强。回望过去的奋斗路，李大钊、方志敏、焦裕禄……一代代共产党人抛头颅、洒热血、甘于奉献，甚至付出生命，是因为"我们的信仰是铁一般坚硬的"。眺望前方的奋进路，新时代共产党人锤炼定力，最要紧的是坚持不懈用习近平新时代中国特色社会主义思想凝心铸魂，在学深悟透上下功夫，在知行合一上求实效，提升修养锤炼党性，牢固树立正确的事业观、政绩观、权力观，不断坚定信仰信念信心。

干事创业，有风有雨是常态，无惧风雨是心态，风雨兼程是状态。新征程上，我们要牢记"三个务必"，以坚如磐石的意志和定力不断开创工作新局面。心有定力，则不役于物；涵养定力，定能行稳致远。

（《人民日报》2024 年 5 月 21 日第 19 版）

坚持和平发展、开放发展、创新发展

"我们要以对历史和人民负责的态度，把准正确方向，携手构建人类命运共同体。"6月12日，习近平主席向联合国贸易和发展会议成立60周年庆祝活动开幕式发表视频致辞，提出要营造和平发展的国际环境、要顺应开放发展的时代潮流、要把握创新发展的历史机遇三点重要主张，充分展现了中方对全球发展事业的高度重视和对"全球南方"共同发展的大力支持。

当前，世界百年变局加速演进，和平和发展面临新的挑战。与此同时，各国人民求和平、谋发展、促合作的意愿更加强烈。联合国贸易和发展会议自成立之初就一直为发展中国家发声，积极促进南南合作，倡导南北对话，推动构建国际经济新秩序。习近平主席向联合国贸易和发展会议成立60周年庆祝活动开幕式发表视频致辞，阐释中国倡导平等有序的世界多极化、普惠包容的经济全球化的主张，有利于推动全球共同发展繁荣。

营造和平发展的国际环境是实现全球发展的必要前提。历史昭示我们，只有坚持和平发展、合作共赢，世界才能长治久安、普遍繁荣。站在单边还是多边、双输还是共赢的十字路口，中国始终不忘同广大发展中国家携手同行的初心。中方主张，各国特别是大国要践行真正的多边主义，倡导平等有序的世界多极化，恪守联合国宪章宗旨和原则，支持联合国贸易和发展会议等多边机构更好发挥作用。联合国贸易和发展会议秘书长格林斯潘表示，多边主义是应对贸易保护主义等挑战的良药，赞赏中国支持多边主义、支持南南合作的主张和倡议。

顺应开放发展的时代潮流是实现全球发展的必由之路。经济全球化如同百川汇海，是历史必然。经济全球化存在的问题只能在全球化的发展中解决，单边行径和保护主义只会损人害己。中方倡导普惠包容的经济全球化，推进贸易和投资自由化便利化，解决好发展失衡等问题，推动全球治理体系朝着更加公正合理的方向发展。正如联合国秘书长古特雷斯所言，贸易应当成为促进共同繁荣的力量，而非引发地缘政治对立；全球供应链是绿色创新和气候行动的源泉，而非破坏环境。

把握创新发展的历史机遇是实现全球发展的必然选择。新一轮科技革命和产业变革深入推进，正在催生新质生产力。以数字技术、人工智能为代表的新科技革命和产业变革方兴未艾，给各国尤其是发展中国家带来新的发展机遇。各国要打造开放、包容、非歧视的数字经济环境，坚持以人为本、智能向善，在联合国框架内加强人工智能规则治理，积极推进绿色转型，让广大发展中国家更好融入数字化、智能化、绿色化潮流。要坚持创新驱动发展，加强在新型工业化、人工智能等领域合作，加快发展新质生产力，让各国人民都拥有充满机遇的未来。

中国始终是"全球南方"的一员，永远属于发展中国家，一直是推动全球发展的行动派。中方先后提出共建"一带一路"倡议、全球发展倡议、全球安全倡议、全球文明倡议，就是为了助力世界现代化，实现共同繁荣。中国在实现自身发展的同时，坚定支持和帮助广大发展中国家加快发展。中国正以高质量发展全面推进中国式现代化，必将为世界发展带来新的更大机遇。2023 年，中国货物贸易进出口总额 5.94 万亿美元，对外投资 1478.5 亿美元，对世界经济增长贡献率达 32%，持续成为世界经济增长的最大引擎。

发展事关全人类福祉，各方都应以人类前途为怀、以人民福祉为念，坚持和平发展、开放发展、创新发展，不断凝聚国际发展共识、培育全球发展新动能。中方愿同各方一道，助力落实联合国 2030 年可持续发展议程，让发展成果更多更公平惠及各国人民，推动世界走向和平、安全、繁荣、进步的美好未来。

（《人民日报》2024 年 6 月 14 日第 2 版）

永葆初心　为民造福

耿　磊

习近平总书记近日在宁夏考察时指出："我们党是全心全意为人民服务的党，各族群众、家家户户都是我的牵挂。"这句话饱含深情，彰显了习近平总书记深厚的人民情怀，也激励着广大党员、干部牢记初心使命、矢志造福人民。

中国共产党一经诞生，就把为人民谋幸福、为民族谋复兴确立为自己的初心使命。党的十八大以来，在以习近平同志为核心的党中央坚强领导下，广大党员、干部始终坚持与人民同呼吸、共命运、心连心，不断把人民群众对美好生活的向往变成现实。在奋进中国式现代化的新征程上，广大党员、干部要牢牢坚持以人民为中心的发展思想，永葆初心、接续奋斗。

永葆初心，要坚定理想信念。理想指引人生方向，信念决定事业成败，有了理想信念，才能激发进取的动力、坚守的定力。广大党员、干部要深入学习党的创新理论，自觉运用这一重要思想的世界观、方法论和贯穿其中的立场观点方法观察世界、把握时代，正确看待自身与外界、小我和大我、利己和利他之间的关系，从内心深处坚定对马克思主义的信仰、对中国特色社会主义的信念、对实现中华民族伟大复兴中国梦的信心。

永葆初心，要厚植为民情怀。要时时刻刻关心百姓冷暖，事事处处想着百姓利益。要深入基层、深入群众，倾听群众心声，解决群众困难。四川大凉山三河村脱贫攻坚现场，党员、干部想的是怎样落实嘱托，让老百姓过上好日子；河北涿州市抗洪抢险救灾的最前线，官兵们不顾自身安危却念着每一位受灾群众……只有始终把人民放在心中最高位置，用心用情用力为群众办实事、解难事、做好事，才能真正守好为民初心。

永葆初心，要勇于担当实干。"道虽迩，不行不至；事虽小，不为不成"，行动才能践行承诺，实干才能守住誓言。广大党员、干部要发扬脚踏实地的工作作风，扑下身子，真抓实干。浙江金华市推动社区服务送上门，上海长宁区推动企业办事"一网通办、一窗受理，只跑一次、一次办成"……应人民心声、定改革所向，干部多担当、群众少跑腿，让群众获得实实在在的好处，是党员、干部砥砺初心的最好注脚。

"七一"之际，各级党组织开展了党员集中宣誓、学习红色历史等一系列活动。以此为契机，广大党员、干部要坚持不懈用党的创新理论凝心铸魂，传承红色基因，坚持人民至上，真抓实干、担当作为，让人民群众更有获得感、幸福感、安全感。

（《人民日报》2024年7月1日第10版）

始终把人民利益摆在至高无上的地位

人民日报评论部

近期，我国南方多地持续出现强降雨，多家保险企业开启理赔"绿色通道"，为农业防汛救灾提供保险支持。今年起，我国全面实施三大粮食作物完全成本保险和种植收入保险政策。与曾经只购买"基本险"相比，借助这两个高保障的险种，每亩仅需要多交 5.8 元左右，遇到同样等级的灾害，获得的赔偿就能翻倍。政策性农业保险全面推开，用财政支出的"加法"，换来稳定农户收益和保障粮食安全的"乘法"，成为全面深化改革坚持以人民为中心的生动写照。

"让人民过上好日子，是我们一切工作的出发点和落脚点。"党的十八大以来，以习近平同志为核心的党中央坚持以人民为中心的价值取向，抓住人民最关心最直接最现实的利益问题推进重点领域改革，推动全面深化改革取得历史性伟大成就。紧扣推进中国式现代化这个主题进一步全面深化改革，必须坚持以人民为中心，尊重人民主体地位和首创精神，坚持人民有所呼、改革有所应，做到改革为了人民、改革依靠人民、改革成果由人民共享，让人民群众有更多获得感、幸福感、安全感。

中国式现代化是 14 亿多人口的现代化，规模最大，难度也最大。把握"民生为大"的重要要求，从人民的整体利益、根本利益、长远利益出发谋划和推进改革，中国式现代化的动力才会越来越强劲。企业准入门槛大大降低，激发了经营主体活力；司法改革深入推进，公平正义的阳光洒遍大地；深化招生制度改革，推出乡村教师支持计划，教育均衡化水平不断提升……回望党的十八届三中全会以来的改革实践，一系列改革举措赢得人民衷心拥护，充分表明"为了人民而改革，改革才有意义；依靠人民而改革，改革才有动力"。

改革千头万绪，归根到底就是一个"人"字。以人民利益为旨归，改革的科学性才有支撑，落实的有效性才有保障。全面深化改革进入深水区，遇到的难以权衡的利益问题越来越多，复杂程度、敏感程度、艰巨程度前所未有。提高改革决策的科学性，很重要的一条就是要广泛听取群众意见和建议，准确把握群众实际情况究竟怎样、群众到底在期待什么、群众利益如何保障、群众对改革是否满意。改革既要往有利于增添发展新动力方向前进，也要往有利于维护社会公平正义方向前进。充分调动群众推进改革的积极性、主动性、创造性，把最广大人民智慧和力量凝聚到改革上来，才能同人民一道把改革推向前进。

发展无止境，改革无穷期。以医药卫生体制改革为例，2014年全面推开城乡居民大病保险试点，2015年实现城乡居民大病医疗保险制度全覆盖，2016年实现城乡居民医保和新农保整合，2017年城市公立医院综合改革试点全面推开，2018年国家医疗保障局挂牌，2019年在全国范围内推广国家组织药品集中采购和使用试点集中带量采购模式，2021年部署推动公立医院高质量发展，2023年跨省异地就医直接结算正式实施……一步一个脚印，改革走过了千山万水，还需要继续跋山涉水。面对人民群众新期待，必须继续把改革推向前进。把牢进一步全面深化改革的价值取向，必须注重从就业、增收、入学、就医、住房、办事、托幼养老以及生命财产安全等老百姓急难愁盼中找准改革的发力点和突破口，多推出一些民生所急、民心所向的改革举措，多办一些惠民生、暖民心、顺民意的实事。

在企业和专家座谈会上，当有学者发言提到"接下来的这轮改革，力争让更多群体有更强的获得感"时，习近平总书记赞许道："这句话正是点睛之笔，老百姓的获得感是实实在在的。"新征程上，我们要始终与人民风雨同舟、与人民心心相印，想人民之所想，行人民之所嘱，不断把人民对美好生活的向往变为现实，不断激发蕴藏在人民中的创造伟力，为中国铸就新的辉煌，为世界作出更大贡献。

（《人民日报》2024年7月8日第5版）

实事求是　知行合一

石　羚

　　谈起黄大发，贵州遵义团结村的群众只有一句话：他是个老实人。就是这样一位老实人，带领村民凭借锄头、钢钎等工具，历时 30 余年，硬是在绝壁上凿出一条总长 9400 米的"生命渠"，结束了当地靠老天吃饭、滴水贵如油的历史，他也被称为"当代愚公"。

　　愚公不愚，贵在立志，重在有恒，善作善成。说老实话、办老实事、做老实人是我们党的优良传统，黄大发的事迹启示我们进一步思考"何为老实"的话题。

　　习近平总书记深刻指出："做人老实不是愚钝，做事踏实不会吃亏。"人在事上练，也在事上见。做人老实，离不开做事踏实。老实不老实，关键看是不是坚持实事求是，能不能做到知行合一。

　　1930 年，毛泽东同志在江西寻乌进行调查研究，老老实实扎到基层，一待就是 20 多天。大到县里的经济政治、商业交通，小至县里有几家卖豆腐的、杂货店里有多少种"洋货"，《寻乌调查》报告一一记录、娓娓道来，为当时农村社会描绘出一幅工笔画。"绘图"是为了"找路"，"向下看"是为了"往前走"。深入细致的调研，为我党制定土地革命政策、走好农村包围城市道路提供了科学依据。

老实人坚持真理、尊重实际，一门心思想的，是运用科学方法解决问题。他们或许不善言辞，但必须善于思考。如果脑子不清，就无法认识复杂现实，更找不到解决问题的"钥匙"。

在不久前评选的"最美公务员"中，来自上海的陈丽红跑现场、进小区，敲企业大门、与居民长谈，用"笨办法"做群众的思想工作，推动黄浦江、苏州河岸线"工业锈带"成为"生活秀带"；湖南常宁的吕晓毛不到半年走遍 9 个村 111 个村民小组，"白加黑""5+2"住在乡里，问冷暖、谋出路、兴产业，带领瑶乡群众过上好日子。

老实人还爱下笨功夫。方向确定了，就要矢志不移坚持下去，一步一个脚印，拾级而上，终能抵达目标。这山望着那山高，东一榔头、西一棒槌，往往抓不住重点、抓不好落实、做不出成绩，看似聪明，实则愚钝。

新修订的《中国共产党纪律处分条例》在政治纪律部分充实对党不忠诚不老实的处分规定，在组织纪律方面完善不按规定说明和报告行为的负面清单。这告诫我们，做老实人，必须将对党忠诚放在第一位。对党说真话而毫不隐瞒，就能让组织更好掌握情况、防微杜渐；顾全大局而不搞山头、不谋私利，才能下好全国一盘棋；坚持原则而不随波逐流，就不会让歪风邪气滋生蔓延……把忠诚老实作为人生信条，有助于党员干部成长成才，更有助于党和国家事业兴旺发达。

周恩来同志曾说："世界上最聪明的人是最老实的人"。做忠诚可靠、言行一致的老实人，做尊重科学、尊重规律的老实人，做进取创造、任劳任怨的老实人，我们的征途将更加顺利，我们的事业将无往不胜。

（《人民日报》2024 年 7 月 11 日第 4 版）

把为人民谋幸福作为检验改革成效的标准

人民日报评论部

在福建漳州南靖县和溪中心小学，乡村娃有了自己的足球场，既强体魄，又添欢乐；在贵州遵义道真仡佬族苗族自治县易地扶贫搬迁安置点，孩子们告别跋山涉水的上学路，在家门口就能享受到优质教育资源……教育改革的成效，写在孩子们洋溢的笑脸上，体现在日益提升的教育质量里。

一切向前走，都不能忘记为什么出发。维护好、实现好、发展好最广大人民根本利益是一切工作的出发点和落脚点。习近平总书记强调："要坚持以人民为中心，把为人民谋幸福作为检验改革成效的标准，让改革开放成果更好惠及广大人民群众。"把是否给人民群众带来实实在在的获得感，作为改革成效的评价标准，是我们党坚持人民立场、坚持全心全意为人民服务根本宗旨的生动体现，也是确保改革更加符合实际、符合经济社会发展新要求、符合人民群众新期待的必然选择。

人民的获得感，改革的含金量。习近平总书记深刻指出："改革发展搞得成功不成功，最终的判断标准是人民是不是共同享受到了改革发展成果。"深化收入分配制度改革，完善产权保护制度，建立更加公平更可持续的社会保障制度，推动城乡教育一体化改革发展，推动高校教师、科研人员薪酬分配制度改革……新时代以来，把牢以人民为中心的价值取向，一项项惠民生、暖民心、顺民意的改革举措，一笔一画描绘幼有所育、学有所教、劳有所得、病有所医、老有所养、住有所居、弱有所扶的美好画卷。

民之所需，改革所向。让群众满意是我们党做好一切工作的价值取向和根本标准。改革成效，关键要看给人民群众办成了多少事，解决了多少实际问题，群众到底认不认可、满不满意。让孩子就近上个好学校，到一个好的医院看病，就地就业，有好的生态环境……在 2019 年全国两会上，河南濮阳县庆祖镇西辛庄村党支部书记李连成代表道出了农民的 8 个梦想。习近平总书记回应，"一些已经做成了，一些还在做的过程中，一些是下一步准备要做"。如今，西辛庄村不仅有了学校、医院，还有几十家企业，人居环境也大大改善，村民们干事创业的劲头更足了。事实有力证明，从人民群众所需出发，就能找准改革的方向和突破口；以群众到底认不认可、满不满意来检验，就能让改革落到实处、取得实效。

实践告诉我们，用好改革落实机制和评价机制，推动落实主体责任，发挥改革督察作用，抓住人民群众最关心最直接最现实的利益问题，把改革举措效益充分发挥出来；把改革举措放到实践中去检验，让基层来评判，让群众来打分，确保改革促进经济社会发展、促进社会公平正义、给人民群众带来获得感，必能充分调动各方面推进改革的积极性、主动性、创造性。

保障和改善民生没有终点。前不久，甘肃平凉市民刘伟，计划用 3 天时间来办理企业开办手续。没想到，到了当地政务服务中心，一个窗口，不到 3 个小时，他就办好了全部手续。从昔日"门难进、事难办"，到如今的"马上办、网上办、就近办、一次办"，发展无止境，改革无止境。进一步全面深化改革，锚定人民对美好生活的向往，从最突出的问题抓起、最现实的利益出发，用心用情用力解决好群众急难愁盼问题，"好了还要再好，不能止步"，就一定能不断促进人的全面发展、全体人民共同富裕，书写出更加精彩的改革答卷。

（《人民日报》2024 年 7 月 11 日第 5 版）

以钉钉子精神抓好改革落实

周人杰

面对环境污染之痛，浙江富阳一手抓产业"腾笼换鸟"，培育新兴产业；一手依托自然山水资源和历史人文积淀，抓文旅体融合、促进乡村全面振兴，努力描绘"现代版富春山居图"。推进生态文明体制改革，关键在因地制宜抓好创造性贯彻落实，走生态优先、绿色发展之路。

习近平总书记强调："改革要重视谋划，更要抓好落实。"改革越是向纵深推进，触及的利益矛盾越是复杂尖锐，每前进一步都不容易，抓落实、重实效的重要性因此越发凸显。贯彻好党的二十届三中全会《决定》"更加注重改革实效"的重要要求，各级干部要当好中国式现代化建设的坚定行动派、实干家，以钉钉子精神抓好改革落实，推动改革不断取得新成效。

抓落实必须求真务实。抓落实就要察实情、出实招、求实效。

在新疆，"新服办"升级版发布、"新企办"上线运行，政务服务改革不断提档升级，为的是更好便民利企。在湖北，"统一赋权""固定收益分配比例"等一系列举措为科研机构与科研人员减负、"松绑"，打通科技成果转化的"最后一公里"。继续把改革推向前进，各地区各部门要在吃透改革要求基础上，根据自身实际科学制定改革任务书、时间表、优先序，一个节点一个节点推进完成。

抓落实必须敢作善为。为探路全方位高水平开放，上海自贸试验区大胆试、大胆闯，推出全国第一张外商投资准入负面清单、上线全国第一个国际贸易"单一窗口"。为实现高水平科技自立自强，北京中关村国家自主创新示范区大胆开展先行先试改革，科技成果转化人员股权激励、外籍高层次人才出入境便利等30项政策向全国复制推广。抓落实不能机械执行，更不能照搬照抄。找准自身在大局中的战略定位，思想解放、敢作善为，创造性开展工作，就能不断打开改革发展新天地。

抓落实，还需要牵住责任制这个"牛鼻子"。建立健全责任清晰、链条完整、环环相扣的改革推进机制，锚定目标任务确定计划方案，按照时限要求倒排工作节点，有助于确保各项目标任务和重点举措见行见效。河北雄安新区目前已实施380多个重点项目，4000多栋楼宇拔地而起，累计建设144公里地下综合管廊。日新月异的变化背后，是行政审批流程的改革优化和责任履行的踏石留印——"拿地即开工"，施工条件成熟到哪儿，施工许可就批准到哪儿，真正做到审批为建设服务、助发展提速。有了好的决策、好的蓝图，关键在落实，关键在守土尽责促实干、责无旁贷抓落实。

以钉钉子精神抓好改革落实，以实绩实效和人民群众满意度检验改革，我们一定能把进一步全面深化改革的战略部署转化为推进中国式现代化的强大力量。

（《人民日报》2024 年 8 月 1 日第 4 版）

为推动高质量发展提供强大动力

人民日报评论部

近期，一家科技公司突破了电池金属双极板的性能瓶颈，赢得高功率氢燃料电池出口订单。研发需要高投入，仅试验所需的扫描电镜、原子探针等设备就要数千万元，企业是如何解决问题的？原来，这家公司在当地"揭榜挂帅"平台发布研发需求，最终在高校科研团队帮助下，迅速跨越了从研发到量产的创新周期。加快科技体制改革，创新"揭榜挂帅"等科技项目组织管理模式，推动更多科技成果转化为现实生产力，才能让高质量发展成色越来越足。

新时代，我国社会主要矛盾已经转化为人民日益增长的美好生活需要和不平衡不充分的发展之间的矛盾。继续把改革推向前进，正是推动高质量发展、更好适应我国社会主要矛盾变化的迫切需要。党的二十届三中全会《决定》就"健全推动经济高质量发展体制机制"作出专门部署，明确提出"必须以新发展理念引领改革，立足新发展阶段，深化供给侧结构性改革，完善推动高质量发展激励约束机制，塑造发展新动能新优势"。着眼未来，只有进一步全面深化改革，才能为以高质量发展全面推进中国式现代化提供强大动力。

高质量发展是全面建设社会主义现代化国家的首要任务，关系我国社会主义现代化建设全局。从中国空间站全面建成到 C919 大飞机实现商业运营，从雄安新区拔地而起到海南自贸港打开开放新局面，从生态补偿机制推动环境修复到河湖长制促进河湖"长治"……党的十八大以来，在以习近平同志为核心的党中央坚强领导下，我国高质量发展取得明显成效，成为经济社会发展的主旋律。实践证明，推动高质量发展是遵循经济发展规律、保持经济持续健康发展的必然要求，是适应我国社会主要矛盾变化、解决发展不平衡不充分问题的必然要求，是有效防范化解各种重大风险挑战、以中国式现代化全面推进中华民族伟大复兴的必然要求。

推进中国式现代化是一项全新的事业，必须把坚持高质量发展作为新时代的硬道理，让发展的步伐走得更坚实、更有力量、更见神采、更显底气。改革是由问题倒逼而产生，又在不断解决问题中而深化。当前，推动高质量发展面临的突出问题依然是发展不平衡不充分。比如，市场体系仍不健全，创新能力不适应高质量发展要求，产业体系整体大而不强、全而不精，农业基础还不稳固，城乡区域发展和收入分配差距仍然较大，民生保障、生态环境保护仍存短板，等等。这些问题都是社会主要矛盾变化的反映，是发展中的问题，必须进一步全面深化改革，从体制机制上推动解决。

习近平总书记强调，"要突出问题导向，着力解决制约构建新发展格局和推动高质量发展的卡点堵点问题"。以科技体制改革为例，职务科技成果赋权改革突破"部分赋权"限制，试点赋予科研人员职务科技成果所有权或长期使用权，充分释放科研人员的创新活力。目前，复旦大学、上海交通大学等6所上海高校院所已完成试点任务，675项成果完成赋权实施，转化金额达10.66亿元。直面问题、破解难题，才能切实增强改革的针对性、实效性。强化问题意识、突出问题导向，既继续在全面上下功夫，使改革举措全面覆盖推进中国式现代化需要解决的突出问题，又持续在深化上用实劲，着力破除深层次体制机制障碍和结构性矛盾，就能为推动高质量发展提供强大动力。

综合立体交通网总里程超过600万公里，国内发明专利有效量达442.5万件，风电、光伏发电累计装机超过11亿千瓦……一项项成就，标注高质量发展坚实步伐。以改革到底的坚强决心进一步全面深化改革，我们必能不断开创高质量发展新局面，不断赢得主动、赢得优势、赢得未来。

（《人民日报》2024年8月7日第5版）

昂扬新时代中国精神

华　平

第三十三届夏季奥运会上，中国体育代表团取得我国参加夏季奥运会境外参赛历史最好成绩，祖国和人民为他们骄傲，为他们点赞。

习近平总书记深刻指出："中国体育代表团的优异成绩，将中华体育精神和奥林匹克精神发扬光大，让中华民族精神和时代精神交相辉映，生动诠释了新时代中国精神。"

精神是一个民族赖以长久生存的灵魂。精神上站得住、站得稳，一个民族就能在历史洪流中屹立不倒、挺立潮头。从我国体育健儿身上，世人感受到了什么是新时代中国精神。

这是祖国至上、为国争光的赤子情怀。

"为国家荣誉而战，我拼尽全力"，21 岁的郑钦文勇夺中国乃至亚洲历史上首枚奥运会网球个人项目金牌；幼年时期便立下

"为祖国争光"志向的崔宸曦，创造了中国滑板奥运会历史最好成绩……

有网友说得好，最动听的音乐是赛场上的国歌，最美的歌手是唱响国歌的我们。

留学归国的王传超，用科技手段讲述中华文明演进历程；当过兵、创过业的李春燕，返乡担任村支书改变家乡贫穷落后面貌……新时代筑梦舞台广阔，一个个奋斗者在各自领域尽展所长、矢志报国，让民族复兴的壮阔征程洋溢英风浩气、充满澎湃动能。

这是顽强拼搏、自强不息的必胜信念。

奥运赛场上，体育健儿"困难越大，我就越想挑战""无论如何，永远不要放弃拼搏"的表现，充分展示了为梦想拼尽全力、为胜利坚持到底的坚韧与顽强……

新时代是奋斗者的时代。从工农商学兵、科教文卫体各领域，到源自"互联网+"的新业态、新领域、新职业，无数奋斗者在平凡岗位上拼搏奉献，急难险重时冲锋攻坚，基层一线砥砺磨练，创新前沿领风气之先，共同托举起一个光明的中国。

时代进步的洪流中，每个人都努力向前，我们的国家就能汇聚起排山倒海的磅礴力量，我们的民族就能迈出势不可挡的前进步伐。

这是团结协作、并肩作战的宝贵品质。

中国游泳队首次夺得男子4×100米混合泳接力奥运冠军，

潘展乐赛后感慨："一个人的泳池，可以游得很快！一群人的泳池，可以游得更快！我不是一个人在战斗，背后是强大的中国队！"在竞争激烈的奥运赛场，团结一心的集体、甘于奉献的团队，成为中国体育健儿实现梦想的坚强基石……

团结奋斗是中国人民最显著的精神标识。长征十号系列运载火箭近期成功完成一子级火箭动力系统试车，团队力量助力多项关键技术实现突破；党员干部、人民子弟兵、消防救援队伍等闻"汛"而动，在防汛救灾中书写洪水无情人有情的人间大爱。

在党的旗帜下团结成"一块坚硬的钢铁"，心往一处想、劲往一处使，中华民族伟大复兴号巨轮必将乘风破浪、扬帆远航。

这是中国青年一代自信乐观、热情友好的阳光气质。

西班牙队羽毛球选手因伤退赛，何冰娇手持西班牙奥委会徽章登上领奖台，暖心举动赢得广泛赞扬；大批90后、00后运动员胜不骄、败不馁，阳光开朗、落落大方的精神气质令人钦佩……

从边疆海岛到广袤田野，从教室课堂到生产车间，从志愿服务到国际交流，无数年轻人正展现出自信自强、刚健有为的精气神。

新时代青年肩负历史使命，立大志、明大德、成大才、担大任，必能在推进强国建设、民族复兴的历史伟业中展现青春作为、彰显青春风采、贡献青春力量。

在改革发展实践中，亿万人民彰显的新时代中国精神，让全世界看到了中华优秀传统文化的深厚积淀，看到了中国开放包容、昂扬进取的时代风貌，看到了中国人民的志气、锐气和底气。

奋进在推进中国式现代化的新征程上，中国人民一定会意气风发、勇往直前，让世界见证更多精彩。

（《人民日报》2024年8月22日第4版）

坚持以人民为中心

人民日报评论部

曾经，一些地方政务大厅"门难进、脸难看、事难办"，各部门之间经常相互推诿扯皮，企业和群众办证办事不得不多头跑、反复跑。坚持以人民为中心，切实解决人民群众办事难、办事慢等问题，新时代以来，各地涌现出"一窗综办""一网通办""一枚印章管审批"等一批改革创新之举。政务服务之变，成为新时代全面深化改革价值取向的生动折射。

坚持人民至上，既是价值观，也是方法论。党的二十届三中全会《决定》提出进一步全面深化改革必须贯彻的"六个坚持"重大原则，其中之一是"坚持以人民为中心"。学习好贯彻好全会精神，必须坚持以人民为中心，尊重人民主体地位和首创精神，人民有所呼、改革有所应，做到改革为了人民、改革依靠人民、改革成果由人民共享。

　　为什么人、靠什么人的问题，是检验一个政党、一个政权
性质的试金石。《决定》强调"以促进社会公平正义、增进人民
福祉为出发点和落脚点""以实绩实效和人民群众满意度检验改
革"，充分体现了我们党的根本宗旨。党的十八大以来，各方面
推出 2000 多个改革方案，逻辑起点和价值旨归都是为了把人民
对美好生活的向往不断变成现实。以人民利益为重、以人民期
盼为念，不仅改革的科学性、落实的有效性能够得到保障，改
革本身也会得到人民群众的衷心拥护、激发人民群众的积极
参与。

　　中国式现代化既是人口规模巨大的现代化，也是全体人民
共同富裕的现代化，"民生为大"的深层逻辑，为进一步全面深
化改革标注了出发点、蓄积起原动力。紧扣推进中国式现代化
这个主题，贯彻"坚持以人民为中心"的重大原则，进一步全
面深化改革要注重从就业、增收、入学、就医、住房、办事、
托幼养老以及生命财产安全等老百姓急难愁盼中找准改革的发
力点和突破口，多推出一些民生所急、民心所向的改革举措，
多办一些惠民生、暖民心、顺民意的实事，让人民共享经济、
政治、文化、社会、生态等各方面发展成果。

　　习近平总书记深刻指出："正确的道路从哪里来？从群众中
来。"人民是决定党和国家前途命运的根本力量。没有人民支持
和参与，任何改革都不可能取得成功。以新时代"枫桥经验"
为指引，浙江诸暨超过 90% 的基层矛盾纠纷都在镇、村两级的

社会治理中心得到化解。从北京"街乡吹哨、部门报到",到浙江"最多跑一次",再到福建三明综合医改,无不是依靠群众推动的社会基层治理创新。这些切实有效的改革举措,逐步复制推广到了全国。进一步全面深化改革任务越是繁重,越要站稳人民立场,尊重人民主体地位和首创精神。既要为人民而改革,也要依靠人民来改革,进一步全面深化改革才能充分激发人民群众的积极性、主动性、创造性。

老百姓关心什么、期盼什么,改革就要抓住什么、推进什么。今天,人民群众还有不少操心事、烦心事,民生工作还有不少不如人意的地方。改革要奔着问题去,解决问题要务求实效,检验改革要依靠人民评判。汇聚14亿多中国人民支持改革、参与改革的磅礴力量,进一步全面深化改革就没有干不成的事,以中国式现代化全面推进强国建设、民族复兴伟业就没有迈不过的坎。

(《人民日报》2024年8月22日第5版)

坚定信心，在唯一正确道路上奋勇前进

人民日报评论部

过去 40 多年间，世界贫困版图发生过一次巨变，其中最重要的变量是中国。

按照世界银行标准，中国减贫人口占同期全球减贫人口70% 以上。中国提前 10 年实现联合国 2030 年可持续发展议程减贫目标，被称为"人类历史上最伟大的事件之一"。

在全球贫困状况依然严峻、一些国家贫富分化加剧的背景下，"中国答卷"充分体现了中国特色社会主义制度的优越性，为中国式现代化道路写下生动注脚。

道路决定命运，道路改变命运。75 年来，中国发生了翻天覆地的变化，"其根本原因在于我们找到了一条符合中国国情、顺应时代潮流、得到人民群众拥护支持的正确道路，这就是中国特色社会主义"。

在中国这样一个大国，建设现代化国家，道路问题是最根本的问题。强国梦，复兴梦，惟有在中国共产党领导下，梦想才真正被点燃，中国人民才掌握逐梦现代化的历史主动。我们从井冈山的翠林小路走来，从北大荒的空旷原野走来，从深圳湾的凋敝渔村走来，一代接一代探索拼搏，让中国式现代化道路越走越宽广。

新时代以来，习近平总书记围绕中国式现代化发表的一系列重要论述，概括形成中国式现代化的中国特色、本质要求和重大原则，初步构建中国式现代化的理论体系，使中国式现代化更加清晰、更加科学、更加可感可行。我们对中国式现代化内涵和本质的认识进一步深化，推动党和国家事业取得历史性成就、发生历史性变革，为中国式现代化提供了更为完善的制度保证、更为坚实的物质基础、更为主动的精神力量。

一路披荆斩棘，一路破浪前行。从物资匮乏到拥有全球最完整的工业体系，从落后农业国跃升为世界第二大经济体，从温饱不足到小康富裕，作为现代化的后来者，我们仅仅用几十年时间就追赶上来，走完发达国家几百年走过的工业化历程。

中国式现代化道路的震撼性，不仅仅在于发展速度，还在于治理效能。历史上，西方发达国家是一个"串联式"的发展过程，工业化、城镇化、农业现代化、信息化顺序发展。中国发展则是一个"并联式"的过程和状态，我们战胜了更多风险挑战，同时创造了经济快速发展和社会长期稳定两大奇迹。

于"开除球籍"边缘奋起，从"一穷二白"中奋进，我们结合自身实际开创的发展道路，让古老大国实现了从落后时代到赶上时代、引领时代的伟大跨越，让中华民族迎来了从站起来、富起来到强起来的伟大飞跃，充分证明中国式现代化道路不仅走得对、走得通，而且走得稳、走得好。

中国的成功经验就在于，没有依赖外部力量、照搬外国模式、跟在他人后面亦步亦趋，而是在遵循现代化一般规律的基础上，自主探索具有本国特色的现代化之路。中国式现代化道路，不是飞来峰，也不是舶来品，而是扎根中国大地，反映人民意愿，不断适应中国和时代发展进步要求。这种独立自主的探索精神，这种坚持走自己的路的坚定决心，是我们不断从挫折中觉醒、不断从胜利走向胜利的真谛。

作为一个拥有 14 亿多人口的大国，推进现代化建设还面临一些风险和挑战，前进的道路不可能一马平川。经济增速放缓、人口老龄化进程加快、城乡和区域发展不平衡等问题交织在一起，加上外部环境的变化，各种"黑天鹅""灰犀牛"事件随时可能发生，但只要路走对了，就不怕遥远，也无惧艰险。

形势纷繁复杂、任务艰巨繁重，但我们有理由自信，也应当自信。在中国式现代化道路上，我们创造了前无古人的发展成就，也能开拓出更加光明的发展前景。事实上，在绿色低碳、数字技术等许多关乎人类发展未来的领域，中国都是重要且不可或缺的参与者、推动者、引领者。中国式现代化创造了人类文明新形态，展现出现代化的新图景，必将对未来世界发展产生深远影响。

　　什么样的现代化最适合自己，本国人民最有体会，也最有发言权。曾几何时，出国留学就业一度成为风潮。如今，归国就业成为越来越多中国海外学子的选择，近些年还出现了新中国成立以来最大的"归国潮"。为何有此巨变？说到底，就是人们看好国家的发展前景，对中国道路充满自信和向往。人民是推进现代化最坚实的根基、最深厚的力量。得到人民的认同和支持，我们就有了战胜困难、创造奇迹的最大底气。

　　习近平总书记强调："中国式现代化走得通、行得稳，是强国建设、民族复兴的唯一正确道路。"循大道，至万里。实现中华民族伟大复兴的康庄大道就在脚下，我们迈出的每一步，都是新的开拓。坚持道不变、志不改，我们一定能抵达梦想的彼岸，书写国家发展、民族振兴的动人新篇。

　　　　　　　　　　（《人民日报》2024年9月24日第5版）

以实干创造实绩

李林蔚

数字政务本是为了简化工作流程，提高办事效率，然而一些地方和部门盲目跟风，导致各类政务应用程序一哄而上，让"指尖之便"沦为"指尖之负"；到基层调研，问需于民、问计于民，有利于科学决策、精准施策、解难题促发展，然而有的干部搞作秀式、盆景式调研，不仅解决不了真问题，更让基层不堪重负。究其根本，这些行为往往是造势，而不是做事。

"做事"与"造势"截然不同。"造势"者往往只看领导眼色、不看群众脸色，擅于包装自己。他们往往是"言语的巨人，行动的矮子"，虽然一时博人眼球，看起来轰轰烈烈，但终究是表面文章，对推动事业发展、造福一方百姓来说，难以发挥实质性作用。基层是贯彻落实党中央决策部署的"最后一公里"，工作直面群众、最接地气。群众看在眼里、记在心里。评判一名干部好不好，评价工作干得怎么样，关键看是否解决了实际问题、增进了人民福祉。因此，作风要实，举措要实，成效要实。干部要做事，不要造势，来不得半点形式主义。

干部干部，干字当头，必须树立正确政绩观，以实干创造实绩、赢得民心。焦裕禄"拼上老命大干一场，决心改变兰考面貌"，带领干部群众整治内涝、风沙、盐碱；廖俊波"认准的事，背着石头上山也要干"，为百姓排忧解难，为地区发展筹谋奔波，打拼到生命最后一刻……这些优秀的领导干部都是干实事的人。实干精神是对党员、干部党性的考验，也是干事创业的应有前提。党员、干部当厚植实干精神，鼓足实干劲头，让实干成为自觉，凡是有利于党和人民的事，就要事不避难、义不逃责，大胆地干、坚决地干，把惠民利民的实事一件一件办好。

整治形式主义为基层减负，也要突出一个"实"字。各地各部门要求真务实、真抓实干，严格执行《整治形式主义为基层减负若干规定》，在文件、会议、政务应用程序、调研等方面强化量的刚性约束，注重质的优化提升，坚决防范遏制因个人造势而加重基层负担的各类行为，努力做到真减负、减真负，给基层干部群众带来实实在在的获得感。

（《人民日报》2024 年 9 月 24 日第 19 版）

自立自强，增强志气骨气底气

人民日报评论部

　　体育是一个国家人民体质与精神面貌的写照。旧中国国力孱弱，中国人一度被屈辱地称为"东亚病夫"。从 1959 年容国团在世界乒乓球锦标赛上为新中国夺得首个世界冠军，到 1984 年许海峰在洛杉矶奥运会"射落"第一枚奥运金牌，再到 2022 年北京成为全球首个"双奥之城"，一代代中华儿女奋斗自强，昂首站上世界舞台。新中国体育事业的跨越式发展、历史性成就，生动诠释了"国运兴则体育兴、国家强则体育强"，也让世界看到中国人民的志气、骨气、底气。

　　唯有精神上站得住、站得稳，一个民族才能在历史洪流中屹立不倒、挺立潮头。习近平总书记强调："推进中国式现代化，必须坚持独立自主、自立自强，坚持把国家和民族发展放在自己力量的基点上，坚持把我国发展进步的命运牢牢掌握在自己手中。"回首新中国 75 年来走过的壮阔征程，党和国家各项事业之所以取得令世界刮目相看的伟大成就，中国式现代化之所以能成功推进和拓展，一个重要原因就在于我们坚持自立自强，不断增强志气、骨气、底气，汇聚起砥砺前行、攻坚克难的强大精神力量。

旧中国工业设备落后、产能低下，仅能生产纱、布、火柴、肥皂、面粉等为数不多的产品。新中国成立后，我们用几十年时间走完西方发达国家几百年走过的工业化历程，实现了从"造不了"到"造得出"再到"造得好"的巨变。享誉世界的中国制造、中国建造，震撼人心的中国故事、中国奇迹，正在推进的中国式现代化，不是天上掉下来的，也不是别人恩赐施舍的，而是我们党带领人民一起拼出来、干出来、奋斗出来的！历史有力证明，14 亿多人口的大国走向现代化，只能靠我们自己发扬自力更生的精神。立自力更生的志气，一切美好的东西都能够创造出来。

面对外部封锁，创造出"两弹一星"的奇迹，深刻诠释了什么是"把命运牢牢掌握在自己手中"。面对贫困堡垒，组织实施人类历史上规模最大、力度最强的脱贫攻坚战，历史性地解决了绝对贫困问题，充分展现了中国精神、中国力量、中国担当。斗洪峰、抗地震，反贫困、建小康，稳经济、促发展，化危机、应变局……越是有爬坡过坎之难、风急浪高之险、闯关夺隘之艰，越能激发凤兴夜寐之勤、力挽狂澜之智、一往无前之勇，愈加彰显中国人骨子里"千磨万击还坚劲"的韧性、"越是艰险越向前"的品格。实践充分印证,硬自强不息的骨气,就没有战胜不了的艰难险阻,就没有成就不了的宏图大业。

道路决定命运。独特的文化传统、独特的历史命运、独特的国情,注定了中国必然走适合自己特点的发展道路。坚持人民至上,形成促进全体人民共同富裕的一整套思想理念、制度安排、政策举措,让现代化建设成果更多更公平惠及全体人民;注重绿色发展,扎实推进人与自然和谐共生的现代化,生态环境保护发生历史性、转折性、全局性变化;应对逆风逆流,坚定站在历史正确的一边、站在人类文明进步的一边,推动构建人类命运共同体……中国式现代化的成功,是坚持走自己的路的成功,走出了国强民富的康庄大道,创造了人类文明新形态。实践充分证明,长独立自主的底气,才能把我国发展进步的命运牢牢掌握在自己手中。

推进中国式现代化,何其艰巨又何其伟大。这样一项前无古人的开创性事业,必然会遇到各种可以预料和难以预料的风险挑战、艰难险阻甚至惊涛骇浪。面对中华民族伟大复兴战略全局和世界百年未有之大变局,志气越强、骨气越硬、底气越足,越有利于形成攻难关、防风险、迎挑战、抗打压的强大合力,战胜前进路上的"拦路虎""绊脚石",跨越复兴途中的"娄山关""腊子口"。新的伟大征程上,我国发展仍具有诸多战略性的有利条件,其中之一就是"有自信自强的精神力量"。

人民是共和国的坚实根基，是中国式现代化的主体。铺展中国发展的画卷，太空遨游、智能迭代、长桥飞渡、巨轮启航，到处都是日新月异的创造。定格中国精神的风采，有祖国至上、为国争光的赤子情怀，有顽强拼搏、自强不息的必胜信念，有团结协作、并肩作战的宝贵品质，有自信乐观、热情友好的阳光气质。从国家功勋人物到时代楷模群体，从工人农民到外卖骑手、网约车司机，每一个人都是追梦人，让点点星火汇聚成炬。中国人民具有顽强生命力、深厚凝聚力、坚韧忍耐力、巨大创造力，永远是我们风雨无阻、高歌行进的根本力量。

征途漫漫，惟有奋斗。以中国式现代化全面推进强国建设、民族复兴伟业，中国人民的前进动力更加强大、奋斗精神更加昂扬、必胜信念更加坚定，焕发出更为强烈的历史自觉和主动精神。激发敢于超越前人、敢于引领时代、敢于创造世界奇迹的豪情壮志，投身中国式现代化的火热实践，我们必将继续在人类的伟大时间历史中创造中华民族的伟大历史时间。

（《人民日报》2024 年 9 月 27 日第 5 版）

走和平发展的人间正道

　　参加联合国维和行动 30 多年来，5 万余人次中国军人和 2700 余人次中国警察前赴后继，足迹遍布 20 多个国家和地区；海军护航编队连续 16 年在亚丁湾、索马里海域护航，累计护送近 7300 艘中外船舶；"和平方舟"号医院船到访 50 多个国家和地区，服务民众 30 多万人次；面对动荡与危机，中方始终为和平奔走，为促谈努力……无论国际风云如何变幻，中国始终坚持走和平发展道路，坚定维护世界和平、促进共同发展。

　　和平性是中华文明的突出特性。在 5000 多年的文明发展中，和平、和睦、和谐的追求深深植根于中华民族的精神世界之中，深深溶化在中国人民的血脉之中。新中国成立 75 年来，中国没有主动挑起过任何一场战争和冲突，没有侵占过别国一寸土地，是唯一将和平发展写入宪法和执政党党章、上升为国家意志的大国。新时代以来，面对"建设一个什么样的世界、如何建设这个世界"的重大课题，中国给出了构建人类命运共同体这个时代答案。构建人类命运共同体理念顺应和平、发展、合作、共赢的时代潮流，展现了中国坚持走和平发展道路的坚定决心，开辟了和平和进步的新境界。

走和平发展道路，是中国式现代化的鲜明特征和必然选择。中国绝不走殖民掠夺的老路，也绝不走国强必霸的歪路，而是走和平发展的人间正道。中方倡导以对话弥合分歧、以合作化解争端，坚决反对一切形式的霸权主义和强权政治，主张以团结精神和共赢思维应对复杂交织的安全挑战，营造公道正义、共建共享的安全格局。中国始终坚定践行联合国宪章宗旨和原则，维护国际关系基本准则和国际公平正义，尊重各国自主选择发展道路和社会制度的权利。中国实现现代化是世界和平力量的增长，是国际正义力量的壮大，无论发展到什么程度，中国永远不称霸、永远不搞扩张。

秉持构建人类命运共同体理念，中国为推动世界和平发展担当作为。中国携手150多个国家和30多个国际组织共建"一带一路"，搭建了世界上范围最广、规模最大的国际合作平台，促进合作共赢、共同发展。中国提出并推动落实全球发展倡议、全球安全倡议、全球文明倡议，为维护世界和平稳定、促进全球发展繁荣注入新动能。中国努力探索中国特色的热点问题解决之道，在乌克兰危机、巴以冲突以及涉及朝鲜半岛、伊朗、缅甸、阿富汗等问题上发挥建设性作用，推动五核国发表关于防止核战争的联合声明，取得促成沙特伊朗和解复交等重要成果，为破解安全困境、完善安全治理提供助力，为消弭冲突、建设和平铺路架桥。联合国秘书长古特雷斯表示，中国的和平发展是人类历史上的崇高事业，有利于全人类的和平和进步。

中国走和平发展道路的决心不会改变，同各国友好合作的决心不会改变，促进世界共同发展的决心不会改变。新征程上，中国将始终坚定站在历史正确一边、人类文明进步一边，高举和平、发展、合作、共赢旗帜，做世界和平的建设者、全球发展的贡献者、国际秩序的维护者，同各国人民一道，开创人类社会更加美好的未来。

（《人民日报》2024 年 10 月 9 日第 3 版）

做孜孜不倦的攀登者、奋斗者

张　洋

"遵道而行，但到半途须努力；会心不远，要登绝顶莫辞劳"，习近平总书记在庆祝中华人民共和国成立 75 周年招待会上重要讲话引用的一副对联，发人深省，催人奋进。

这副对联镌刻于南岳衡山的半山亭。半山亭正好位于登顶衡山的一半路程处，人们爬到这里，稍微休息，看到对联，感悟其中的道理，更有前行的力量。

登山如此，干事创业亦是如此。路虽远，行则将至；事虽难，做则必成。广大党员、干部要坚定信仰信念信心，发扬实干精神，做孜孜不倦的攀登者、奋斗者。

志坚方可励行，"登绝顶"贵在"遵道""会心"，认准的路就坚定不移走下去。其实，登山本身也是一个"正心""悟道"的过程。通过一次次的爬坡过坎、援梯而上，站得高，看得远，方向就更明确了，步伐就更坚定了。

新时代以来，稳经济、促发展，战贫困、建小康，控疫情、抗大灾，应变局、化危机……面对百年未有之大变局，我们党团结带领人民砥砺前行，攻克了一个又一个看似不可攻克的难关，创造了一个又一个看似不可能创造的奇迹，习近平新时代中国特色社会主义思想展现出强大的真理力量和实践伟力。知之愈明，则行之愈笃；行之愈笃，则知之益明。阔步新征程，广大党员、干部要守初心、循大道，更加自觉地做党的创新理论的笃信笃行者。

这副对联还激励我们"须努力""莫辞劳"，一步一个脚印向前进。须知在半山腰上停滞不前、安于现状，甚至骄傲自满，是无法领略到山巅的无限风光的。

国庆前夕，国家勋章和国家荣誉称号获得者接受党和人民的最高礼赞。他们之所以能作出卓越的贡献，至关重要的原因就是执着、实干。"新的超导体很可能就诞生在下一个样品中。"赵忠贤从来不因已有成绩而懈怠，不因挫折失败而气馁，他坚持在高温超导领域一次次试验，取得一系列世界级研究成果。王小谟深知关键核心技术是买不来的，立下军令状，"一定要争口气"，带领团队咬紧牙关、多年攻关，最终成功研发出国产预警机，并创造了世界预警机发展史上的9个第一……大道至简，实干为要。一切伟大成就都是不懈奋斗的结果。"新征程是充满光荣和梦想的远征。"广大党员、干部只有练就担当作为的硬脊梁、铁肩膀、真本事，真抓实干、勇毅前行，才能一步一步实现梦想。

如今，从全面深化改革到进一步全面深化改革，我们仍将面临严峻复杂的形势、艰难繁重的任务。但是，志不求易者成，事不避难者进。广大党员、干部要坚定信心，鼓足干劲，攻坚克难，既当改革促进派，又当改革实干家。"我们的现代化既是最难的，也是最伟大的。"做孜孜不倦的攀登者、奋斗者，沿着这条光明之路、正义之路铿锵前行，我们必将登上一座又一座山巅，取得一个又一个胜利。

（《人民日报》2024 年 10 月 22 日第 19 版）

提振干事创业精气神

李　斌

越是气势恢宏的篇章，越需要精益求精地书写。

习近平总书记在湖北考察时强调："要紧紧围绕抓改革促发展加强党的建设，提振党员干部干事创业精气神，既勇于开拓创新又持之以恒抓好落实，既敢拼敢闯又善于团结协作，努力创造经得起历史、实践和人民检验的业绩。"

抓改革促发展，既要重视方式方法，又要重视信心决心、态度行动。强化理论武装，思想认识就能更加统一，干事创业就更有方略；强化队伍建设、人才建设，经济发展就能更有活力和动能；强化正风反腐，就能以政治生态的风清气正托举营商环境的山清水秀。着力提高领导干部谋划、推动、落实改革的能力，引导干部树立与进一步全面深化改革相适应的思想作风和担当精神，正是加强党的建设的题中应有之义。

跳起来才能摘到果子，沉下去才能摸准暗礁。推进改革发展，勇于开拓创新是必备的品质。从上海自贸试验区破冰试水到各地自贸试验区多点开花，从浙江、重庆率先开展专属商业养老保险试点到支持更多符合条件的养老保险公司参与商业养老金业务……全面深化改革往纵深推进的每一步，无不是开拓创新的结果。火苗总向上腾，改革要往前走，由不得停一停、歇一歇，由不得打折扣、搞变通。

改革不只有雷霆万钧、猛药去疴，也有稳扎稳打、润物无声。持之以恒抓好落实，意味着必须一步一个脚印，"有领导有步骤推进改革，不求轰动效应，不做表面文章"。雄安新区实现从"一片地"到"一张图"再到"一座城"的华丽蝶变，海南自贸港建设循序渐进、进入封关运作攻坚期，体现的都是精耕细作、步步为营。目标上有定力，战略上有耐心，举措上要务实，改革才能行稳致远，发展才会稳中向好。

改革改的是体制机制，动的是既得利益，需要敢动真格、善打硬仗，"以自我革命精神推进改革"。没有供给侧结构性改革的牵引拉动，就不可能实现经济发展质量和效益大幅提升；没有污染治理的大刀阔斧，就不可能有美丽中国的崭新图景。敢于打破那些不合时宜的坛坛罐罐，突破那些束缚活力的条条框框，我们才能通过改革掌握发展主动权。

改革在"全面深化"上用力，落实需要更加注重"系统集成""协同联动"。沪苏浙皖三省一市的人大"牵手"合作，从长三角生态绿色一体化发展示范区建设，到长江流域禁捕，再到推进长三角区域社会保障卡居民服务一卡通，协同立法实践取得实质性进展。十部门联合印发《数字化绿色化协同转型发展实施指南》，推动新兴技术与绿色低碳产业深度融合，利用数智技术、绿色技术改造提升传统产业。善于团结协作，增强的必是改革发展的动力和合力。

改革大潮奔涌向前，必须着力强化敢于担当、攻坚克难的用人导向，把那些想改革、谋改革、善改革的干部用起来。今天抓改革促发展，环境、条件、基础等更好，党员干部完全可以放开手脚大胆试、大胆闯、自主改。

一切美好的蓝图，都是一招一式干出来的、夜以继日拼出来的。瞻望前程，发展上升通道的"势"、战略机遇的"时"，与主动改革、积极改革创造的"机"，交相辉映、相得益彰。激发决心和干劲，汇聚各方面改革发展的合力，我们的事业必能在爬坡过坎中不断向前迈进。

（《人民日报》2024 年 11 月 11 日第 4 版）

促进世界和平安宁和人类共同进步

"构建人类命运共同体理念与和平共处五项原则一脉相承，都根植于亲仁善邻、讲信修睦、协和万邦的中华优秀传统文化"。今年 6 月 28 日，习近平主席出席和平共处五项原则发表 70 周年纪念大会并发表重要讲话，全面阐释和平共处五项原则的精神内涵和时代价值，指出构建人类命运共同体的前进方向，强调各国必须共担维护和平责任，同走和平发展道路，共谋和平、共护和平、共享和平。

让战争远离人类，让全世界的孩子们都能在和平的阳光下幸福成长，这是千百年来人类的共同梦想。历史的接力一棒接着一棒向前奔跑，人类进步事业在对时代之问的回答中一程接着一程向前迈进。70 年前发表的和平共处五项原则，为如何处理国与国关系这一重大命题给出了历史答案。70 年后的今天，面对"建设一个什么样的世界、如何建设这个世界"的重大课题，习近平主席给出构建人类命运共同体这个时代答案。构建人类命运共同体理念与和平共处五项原则，都展现了中国坚持走和平发展道路的坚定决心。

有着5000多年历史的中华文明，始终崇尚和平，和平、和睦、和谐的追求深深植根于中华民族的精神世界之中，深深溶化在中国人民的血脉之中。"中国传统文化中的天下为公、协和万邦等理念让中华文明具有巨大的包容性。"英国学者马丁·雅克认为，这些理念也影响着中国的政策主张。中国历史上曾经长期是世界上最强大的国家之一，但没有留下殖民和侵略他国的记录。新中国成立70多年来，从未主动挑起过一场战争，从未侵占别国一寸土地。倡导交通成和，反对隔绝闭塞；倡导共生并进，反对强人从己；倡导保合太和，反对丛林法则。中华文明的和平性，从根本上决定了中国始终是世界和平的建设者、全球发展的贡献者、国际秩序的维护者。

中国坚定走和平发展道路，始终是和平共处五项原则、构建人类命运共同体理念的践行者。回首2024年，在"上海合作组织＋"阿斯塔纳峰会上提出建设和平安宁的共同家园，在中非合作论坛北京峰会开幕式上提出携手推进和平安全的现代化，在金砖国家领导人第十六次会晤上提出建设"和平金砖"，做共同安全的维护者……习近平主席亲力亲为，倡导共同、综合、合作、可持续的新安全观，推动落实全球安全倡议，汇聚起促进世界和平与发展的积极力量。巴西总统卢拉表示，习近平主席为人民谋福祉，维护社会公平正义，倡导和平而非战争、合作而非对抗、创造而非破坏，为世界作出了榜样。

中华文明的和平性，决定了中国式现代化是走和平发展道路的现代化，中国实现现代化是世界和平力量、发展力量的增长。中国追求的不是独善其身的现代化，将坚定不移走和平发展道路，坚持与邻为善、以邻为伴的周边外交方针和亲诚惠容的周边外交理念，让中国式现代化更多惠及周边国家。中国的和平发展始终同世界的和平发展紧密相连，中国始终以团结合作谋求共同安全，与各国一道为建设持久和平、普遍安全的美好世界而努力。联合国秘书长古特雷斯表示，中国的和平发展是人类历史上的崇高事业，有利于全人类的和平和进步。

从中华文明深处汲取历史智慧，在新时代新征程中展现大国担当。中国绝不走殖民掠夺的老路，也绝不走国强必霸的歪路，而是走和平发展的人间正道。中国将始终高举和平、发展、合作、共赢的旗帜，不断为促进世界和平安宁和人类共同进步作出新贡献。

（《人民日报》2024年12月24日第2版）

莫做"躺平者" 争当实干家

沈童睿

口号喊罢"唱空城"、拈轻怕重"做样子"、遇到难题"绕道走"……近日，广东省湛江市麻章区8名"躺平式干部"被调整。麻章区出台《关于实行领导干部履职表现辨才治庸方案（试行）》，突出以事察人、以事辨人，为实干者加油，明确对"躺平者"予以处理。

究其根源，"躺平"是个别干部理想信念淡薄、责任意识缺失、背离初心使命，信奉"只要不出事、宁愿不干事"，对工作推、拖、绕、躲，不担当不作为。同时，个别地方和部门也存在考核时不注重实绩导向，干多干少一个样，干好干坏一个样，甚至出现多干多吃亏、少干不吃亏、"躺平还能躺赢"的怪象。

干部干部，干字当头，对"躺平式干部"必须动真碰硬。近年来，各地纷纷亮招，采取个别谈话、群众评议等一系列方式，对"躺平式干部"进行精准识别，督促"躺平者"认识到躺平不可取、躺赢不可能，倒逼其知耻而后勇，站起来、干起来。

让"躺平式干部"站起来、干起来，根本在于把牢理想信念"总开关"，在精神上补钙壮骨。各地各部门要坚持不懈用习近平新时代中国特色社会主义思想凝心铸魂，引导党员干部树立正确的权力观、政绩观、事业观，真正从思想深处立起来、站起来，从内心深处抵制"躺平"。广大党员干部应时常"检身自省"，涵养干事光荣、避事可耻的政治自觉、思想自觉、行动自觉，把为人民群众创造美好生活作为矢志不渝的价值追求，落实到干好本职、干成事业的具体行动中。

好干部是选出来的，更是管出来的。让"躺平式干部"站起来、干起来，亟须进一步鲜明树立重实干、重实绩的选人用人导向。各地各部门应注重在基层一线识别干部、选拔干部，把群众满意、实绩突出、组织放心的干部选出来、用起来，让吃苦者吃香、优秀者优先、有为者有位、能干者能上，让"躺平者"无处可躺，让大家干事创业更有盼头、更有干劲。同时，加强日常监督管理，扎紧制度的笼子，对干部"躺平"问题，及时咬耳扯袖，早发现、早提醒、早纠正；对于不珍惜岗位、不愿作为的干部，该调整的及时调整，该问责的坚决问责，以严肃执纪执法倒逼党员干部转作风。

进一步全面深化改革，呼唤更多的促进派、实干家。动真碰硬处置"躺平式干部"，其实也是保护干事创业者的积极性主动性创造性。只有对"躺平式干部"动真格，才能让更多干部不"躺平"。不断健全完善干部考核评价制度和激励机制，把真抓实干的规矩挺起来，促进能者上、庸者下、劣者汰，方能激活党员干部干事创业的"一池春水"，有力有效确保各项改革举措落地落实。

（《人民日报》2024 年 12 月 24 日第 16 版）

"中国好人"汇聚向善力量

张　凡

　　在路上"偶遇"巨额财物，你会怎么做？北京朝阳区的保安张力东拾金不昧，将 10 万元现金归还失主，一句"不是咱的东西，咱不能拿"朴实真挚；江西南昌市的环卫工人肖捒想，捡到失物后立即寻找失主，将财物总价值达 10 余万元的手提包完璧归赵……不久前，张力东、肖捒想被评为"诚实守信好人"，荣登 2024 年第三季度"中国好人榜"。

　　流水岂无痕，平凡亦闪光。张力东、肖捒想的事迹，并不是惊天动地的壮举，但他们身上的善良与正义，让人动容，令人敬佩。此次登榜的 100 多位"中国好人"中，既有潘展乐这样奋勇拼搏、为国争光、勇登奥运之巅的体育健儿，也有很多来自我们身边的凡人英雄。他们或在紧急关头挺身而出，或在他人受困时施以援手，或在面对选择时坚守正道，或在平凡岗位上敬业担当……从千千万万普通人中走来，他们的故事，展示着生活磨砺下生命的不屈，彰显着纷繁社会里人性的温度，让我们看到这个时代最温暖、最动人的价值底色。

"平凡铸就伟大，英雄来自人民"，一位位"中国好人"以平常心做不平常事，用感人事迹生动诠释了习近平总书记这句话的深刻内涵。医生王冠羽，曾两次在乘坐飞机时救助突发疾病的患者，在万米高空展现医者仁心；乡村教师唐广芳，即使因意外失去右臂，仍毅然坚守三尺讲台，奋力"托举"起一群又一群乡村孩子的人生梦想；夫妻护林员黄通甫、黄日秀，扎根广西大瑶山，用心守护大自然一草一木……"中国好人"并非遥不可及，坚守道德、传递爱心、担当责任，每一个人都可以是"中国好人"，每一个人都可以闪耀自己的光芒。

正所谓"与善人游，如行雾中；虽不濡湿，潜自有润"。我们身边从不缺少善良勇敢、拼搏奉献的人。他们的事迹，可亲、可近、可信、可学。礼赞身边好人，嘉奖凡人善举，让更多人品读他们的故事，感悟他们的精神，有助于在潜移默化中滋养人们的心灵，带动更多人崇德向善。这正是常态化发布"中国好人榜"的意义所在。自 2008 年至今，通过持续开展网上"我推荐我评议身边好人"活动，已有 1.7 万余人（组）荣登"中国好人榜"。他们的宝贵精神，唤起全社会的思想认同和情感共鸣，产生"一人兴善，万人可激"的积极效应。

国无德不兴，人无德不立。习近平总书记指出："只要中华民族一代接着一代追求美好崇高的道德境界，我们的民族就永远充满希望。"新时代以来，从接连颁授"共和国勋章""七一勋章""八一勋章"等最高荣誉，到一次次表彰道德模范、"时代楷模"、"中国好人"、"最美人物"等，党和国家坚持以文化人、以德润心，将聚光灯更多地对准民族脊梁、对准凡人英雄，让亿万人民从心底里迸发出对德的敬重、对善的向往、对美的追求，凝聚起了团结奋进的澎湃力量。

推进中国式现代化，征途漫漫惟有奋斗，"实现我们的目标，需要英雄，需要英雄精神"。激发更多人身上的英雄气、正义心、道德感，始终是一个重要课题。当一个个"道德光源"在神州大地上不断亮起，有助于鼓舞人心，有助于照亮前程。奋楫扬帆再出发，只有进一步传递真善美、弘扬正能量，推动全社会择善而从、积善成德、明德惟馨，更好构筑中国精神、中国价值、中国力量，才能为中国式现代化提供源源不断的精神动力和道德滋养。

"中国人总是被他们之中最勇敢的人保护得很好。"近年来，这句话在互联网上屡屡被提起。愿我们每个人都能从"中国好人"身上汲取向上向善的力量，眼里有光、心里有爱，砥砺品行、奋发向上，推动我们的国家昂扬前行。无数个你我，在平凡的生活中彼此温暖，在壮阔的征程上携手前行，终将照亮时代的苍穹，映照出我们更加光明、更加辉煌的未来。

（《人民日报》2024 年 12 月 25 日第 5 版）

开辟中国式现代化更加广阔的前景

"中国式现代化的新征程上，每一个人都是主角，每一份付出都弥足珍贵，每一束光芒都熠熠生辉。"在二〇二五年新年贺词中，习近平主席深情回顾过去一年中国共产党团结带领中国人民走过的不平凡历程，汇聚全体中华儿女团结奋斗的强大合力，让世界看到中国以中国式现代化全面推进强国建设、民族复兴伟业的坚定决心和信心。

2024 年是实现"十四五"规划目标任务的关键一年。面对国内外形势带来的挑战，以习近平同志为核心的党中央团结带领全党全国各族人民，沉着应变、综合施策，出台一系列政策"组合拳"，扎实推动高质量发展，顺利完成全年经济社会发展主要目标任务，国内生产总值预计超过 130 万亿元，中国式现代化迈出新的坚实步伐。肯尼亚《旗帜报》网站报道认为，中国的发展故事"是一个通过齐心协力和坚定决心得以实现的愿景"。日前公布的第五次全国经济普查数据显示，中国经济总量稳居世界第二，五年来对世界经济增长的贡献率平均在 30% 左右，是全球经济发展的最大增长源。国际社会对中国经济航船行稳致远充满信心，认为"在充满不确定性的时代，中国经济的韧性犹如一座希望的灯塔"。

向"绿"而行、向"新"而行，中国不断书写高质量发展新篇章。绿色低碳发展纵深推进，美丽中国画卷徐徐铺展；因地制宜培育新质生产力，新产业新业态新模式竞相涌现。塔克拉玛干沙漠实现 3000 多公里生态屏障全面锁边"合龙"，新能源汽车年产量首次突破 1000 万辆。英国《金融时报》日前报道指出，中国新能源汽车销量 2025 年预计将首次超过传统燃油汽车，这将是一个"历史性拐点"。世界知识产权组织发布的《2024 年全球创新指数报告》显示，中国在全球的创新力排名上升至第十一位，是 10 年来创新力上升最快的经济体之一。国外媒体认为，"中国高度重视创新发展与现代化建设，这不仅显著增强了其在全球经济格局中的竞争实力，更使其在那些引领未来走向的新兴产业领域中脱颖而出"。

家事国事天下事，让人民过上幸福生活是头等大事。神州大地，百姓生活多姿多彩，无数劳动者、建设者、创业者，都在为梦想拼搏，充分彰显只有坚持以人民为中心的发展思想，坚持发展为了人民、发展依靠人民、发展成果由人民共享，才会有正确的发展观、现代化观，才能汇聚成新时代中国昂扬奋进的洪流。"中国的现代化进程不仅仅是物质财富的积累，更植根于以人为本的理念。"孟加拉国《闪电报》网站报道说，中国式现代化的成果已经转化为普通民众生活质量的切实改善。

"我们乘着改革开放的时代大潮阔步前行，中国式现代化必将在改革开放中开辟更加广阔的前景。"中国共产党二十届三中全会胜利召开，吹响进一步全面深化改革的号角。2025 年是"十四五"规划收官之年。中国将坚持稳中求进工作总基调，完整准确全面贯彻新发展理念，加快构建新发展格局，实施更加积极有为的政策，聚精会神抓好高质量发展，推动高水平科技自立自强，保持经济社会发展良好势头，高质量完成"十四五"规划目标任务，为实现"十五五"良好开局打牢基础。

岁序更替，盛景维新。新的一年，中国将满怀信心、不惧挑战，继续在风雨洗礼中成长、在历经考验中壮大，努力书写时和岁丰、繁荣昌盛的发展新篇章，为世界和平发展作出更大贡献。

（《人民日报》2025 年 1 月 2 日第 3 版）

协和万邦，做友好合作的践行者

"中国愿同各国一道，做友好合作的践行者、文明互鉴的推动者、构建人类命运共同体的参与者，共同开创世界的美好未来。"在二〇二五年新年贺词中，习近平主席向世界传递中国同各国加强友好合作的真诚愿望，展现中国以宽广胸襟超越隔阂冲突、以博大情怀关照人类命运的大国担当。

友好合作是中国对外交往始终不变的底色。中华文化历来注重广交朋友、深交朋友，秉持"讲信修睦、亲仁善邻"的交往之道，追求"天下大同""协和万邦"的理想秩序，体现了中国人民尊崇多元包容、携手合作的博大胸怀。习近平主席先后提出构建人类命运共同体理念、共建"一带一路"倡议、全球发展倡议、全球安全倡议、全球文明倡议等，就是为了携手各国在千差万别的利益和诉求中实现共商共享、和而不同、合作共赢，推动人类文明进步、建设美好世界。

"一位外国朋友曾对我说过：'友谊可是件大事，一个友谊的世界才可能是和平的世界。'"2024年10月，习近平主席在会见出席中国国际友好大会暨中国人民对外友好协会成立70周年纪念活动外方嘉宾时如是强调。只有不断汇聚友好的涓涓细流，不断凝聚合作的源源动力，才能形成促进世界和平和发展、推动构建人类命运共同体的磅礴力量。中国外交常谈的是友谊，常话的是合作。习近平主席2013年以来50多次出访，每一次都是友谊之旅、合作之旅。中国实践充分证明，友好不分先后，只要开启，就会有光明前途；合作不论大小，只要真诚，就会有丰硕成果。

中国践行友好合作，体现在坚持相互尊重、平等相待。中方始终主张，国家不分大小、强弱、贫富，都是国际社会平等的一员，支持各国走符合本国国情、由人民自主选择的发展道路，愿同各方分享中国式现代化带来的发展机遇。如今，中国已同183个国家建立外交关系，已成为150多个国家和地区的主要贸易伙伴，打造了更加紧密的全球伙伴关系网络。2024年1月中国同瑙鲁复交，双方签署共建"一带一路"、落实全球发展倡议、经济发展、农业等领域多项双边合作文件。一年来，双方各领域友好合作蒸蒸日上，成为不同大小国家和发展中国家团结合作、携手发展的典范。瑙鲁外长安格明表示："中国很棒的一点是平等对待发展伙伴，愿意协助伙伴。"

中国践行友好合作，体现在坚持合作共赢、互惠互利。只有合作共赢才能办成事、办好事、办大事，这是中国对外交往实践带来的重要启示。岁末年初，中国—新加坡自由贸易协定进一步升级议定书、中国—马尔代夫自由贸易协定相继生效，中国高水平对外开放持续推进，不断以中国式现代化新成就为世界各国发展提供新机遇。同 155 个国家扎实推进高质量共建"一带一路"，中非 28 亿多人民携手推进现代化十大伙伴行动，支持全球发展的八项行动回应全球南方国家发展需求……中方不追求独善其身的现代化，始终本着合作共赢理念，致力于同各方一道推动实现和平发展、互利合作、共同繁荣的世界现代化，更好造福各国人民。

中国践行友好合作，体现在坚持开放包容、文明互鉴。"万物并育而不相害，道并行而不相悖。"从落实"未来 5 年邀请 5 万名美国青少年来华交流学习"倡议，为推动中美关系发展、促进世界和平贡献力量，到邀请 1000 名非洲政党人士来华交流，深化双方治党治国经验交流；从在雅典设立中国古典文明研究院，为中希两国和世界各国搭建文明交流互鉴的新平台，到与 140 多个国家建立 3000 多对友好城市（省州）关系，形成跨越五大洲的"朋友圈"和"伙伴网"，中国以实实在在的行动搭建更多人文交流的桥梁，鼓励各国民众共同做中外文明互鉴和民心相通的促进者，为推动人类社会进步、维护世界和平注入更多动力。

真心交朋友，恒心促合作。百年变局加速演进，国际局势变乱交织，世界比以往任何时候都更加需要加强友好合作。中国将坚持做友好合作的践行者，同各方一道汇聚促进世界和平发展、推动构建人类命运共同体的磅礴力量。

（《人民日报》2025 年 1 月 4 日第 3 版）

美美与共，做文明互鉴的推动者

　　岁序更替，是回望壮阔来路的时刻，更是擘画前进之道的契机。习近平主席在二○二五年新年贺词中重申中国愿同各国一道做文明互鉴的推动者，展现推动不同文明和合共生的智慧与远见，彰显促进人类文明进步的格局与担当。

　　世界进入新的动荡变革期，全球性挑战层出不穷，根源处有不同文明如何实现和平共处、和合共生的问题。面对不断抬头的单边主义、保护主义、民粹主义思潮，面对因文化文明差异而导致的纷争日益增多，中国坚定不移推动文明交流互鉴，是植根于五千多年文明的智慧抉择。历史长河中，中华优秀传统文化坚持以"物之不齐，物之情也"的眼光看待丰富多彩的世界，以"己欲立而立人，己欲达而达人"的理念处理彼此关系，以"大道之行，天下为公"的胸怀憧憬共同未来。一脉相承的文化滋养、思想启迪，让中国在百年变局中坚持做文明互鉴的推动者，为因应时代挑战汇聚文化文明力量，为人类文明进步注入源源不竭动力。

文明的繁盛、人类的进步，离不开求同存异、开放包容，离不开文明交流、互学互鉴。对话多一分、对抗就少一分，包容多一点、隔阂就少一点。习近平主席亲力亲为，推动不同文明加强交流、增进理解，努力让世界不同文明如同中国九寨沟的五彩池和秘鲁马拉斯的梯田，虽色彩斑斓、形状各异，但交相辉映、相得益彰。复信美国友人时，阐述"中美关系继续向前发展，更加需要依靠两国人民"；向首届世界古典学大会致贺信时，强调"注重从不同文明中寻求智慧、汲取营养"；描绘金砖国家、上海合作组织等机制合作蓝图时，始终重视人文交流对话……一次次深入阐释、一次次擘画引领，为文明交流互鉴注入动力，也为破解国与国如何相处、全球性挑战如何应对等难题提供智慧和答案。

文明如水，润物无声。"中国古人讲'同舟共济'，我看现在需要'同球共济'""推动国际社会以对话化解分歧、以合作超越冲突，携手构建和合共生的美好世界"……习近平主席的重要论述，展现中华优秀传统文化精髓要义，为应对时代挑战点亮思想之光。2024年6月，第七十八届联合国大会一致通过决议，设立文明对话国际日，成为中国方案为不同文明间消除偏见误解、增进理解信任作出贡献的生动例证。

实现现代化是文明发展的重要命题。现代化不是少数国家的"专利品"，也不是非此即彼的"单选题"，不能搞简单的千篇一律、"复制粘贴"。中国同各国不断加强治国理政和发展经验交流，携手同行现代化之路。2024 年 11 月，习近平主席在二十国集团里约热内卢峰会上讲述中国成功打赢脱贫攻坚战的故事。因村、因户、因人施策，帮助贫困地区改善基础设施，因地制宜发展有"造血"功能的产业，推动发达地区同欠发达地区"结对子"互助……中国经验引起广泛重视。巴西总统卢拉说，"中国是一个令人印象深刻的发展榜样"。

从减贫到反腐，从推动共同富裕到建设生态文明，中国式现代化积累的成功经验日益成为推动人类文明进步的公共产品。中非携手推进现代化十大伙伴行动，第一项就是文明互鉴伙伴行动，双方共同打造中非治国理政经验交流平台。"中国愿意同其他国家在共享价值、相互尊重的基础上分享经验""非洲和中国通过互相学习、取长补短，可以加快工业化和现代化进程"……今天，始终致力于同各方加强交流互鉴的中国，日益被国际社会特别是全球南方国家视为发展进步的机遇与希望。

世界是丰富多彩的，文明是多样的。在人类文明何去何从的十字路口，中国愿携手各国做文明互鉴的推动者，努力让人类创造的各种文明交相辉映，编织出斑斓绚丽的图画，共同消除现实生活中的文化壁垒，共同抵制妨碍人类心灵互动的观念纰缪，共同打破阻碍人类交往的精神隔阂，实现各种文明美美与共、和合共生。

（《人民日报》2025 年 1 月 5 日第 3 版）

天下为公，做构建人类命运共同体的参与者

　　新年伊始，一列满载新鲜果蔬的国际货物列车从云南驶向老挝首都万象；在不少中国超市，通过中老铁路国际冷链专列进口的老挝香蕉丰富了消费者的选择。中老铁路"黄金大通道"作用日益凸显，促进中国和周边国家共同发展，展现了构建人类命运共同体的光明前景。

　　在二○二五年新年贺词中，习近平主席强调中国愿同各国一道做构建人类命运共同体的参与者。构建人类命运共同体，中国是倡导者，也是行动派，用笃定的信念和扎实的行动凝聚和平发展力量、积极推动全球治理变革，展现为人类谋进步、为世界谋大同的勇毅担当。

　　构建人类命运共同体理念集中体现了中华民族"天下为公""以和为贵""以义为先"的天下观、价值观、义利观，是中华优秀传统文化在新的历史条件下的弘扬和升华，指明了人

类社会共同发展、长治久安、文明互鉴的正确方向。面对时代之变、历史之问，构建人类命运共同体理念旗帜鲜明地倡导"同球共济"的精神、开放包容的胸襟、合作共赢的愿景，主张以和平发展超越冲突对抗，以共同安全取代绝对安全，以互利共赢摒弃零和博弈，以交流互鉴防止文明冲突，以绿色发展呵护地球家园，推动国与国关系从和平共处迈向命运与共。

在人类追求幸福的道路上，一个国家、一个民族都不能少。中国始终坚持胸怀天下、立己达人，坚持和平发展、开放发展、合作发展、共赢发展，以中国式现代化新成就为世界发展提供新机遇。中欧班列累计开行突破 10 万列，秘鲁钱凯港见证新时代亚拉陆海新通道的诞生，155 个国家加入共建"一带一路"合作大家庭，惠及世界的"幸福路"越走越宽广；连续 7 年举办中国国际进口博览会，不断向各国开放市场；宣布支持全球发展的八项行动，同广大发展中国家携手迈向现代化……中国用实际行动诠释"中国人民不仅希望自己过得好，也希望各国人民过得好"的真诚愿望。

"别再让世界四分五裂，而是联合起来，使 2025 年成为一个新的开始。"联合国秘书长古特雷斯日前在新年致辞中呼吁。中国始终坚定不移走和平发展道路，倡导平等有序的世界多极化和普惠包容的经济全球化。中国宣布支持"全球南方"合作八项举措，倡导全球南方国家共同做维护和平的稳定力量、开放发展的中坚力量、全球治理的建设力量、文明互鉴的促进力量，坚定发出"全球南方"发展振兴的时代强音，为完善全球治理体系注入正能量。面对地缘冲突频发，中国为恢复热点地区和平安宁奔走，秉持客观公正立场，积极劝和促谈。瑞士共产党总书记马西米利亚诺·阿伊认为，中国外交为国际社会带来了和平的"新鲜空气"。

构建人类命运共同体从倡议变成共识，从愿景成为实践，成为推动当今世界面貌发生积极而深刻变化的重要力量。过去一年，中国同塞尔维亚启动构建新时代中塞命运共同体，同非洲国家一致同意共筑新时代全天候中非命运共同体，同巴西宣布携手构建更公正世界和更可持续星球的中巴命运共同体。目前，已有数十个国家和地区同中国构建不同形式的命运共同体。人类卫生健康共同体、网络空间命运共同体、全球发展共同体等多边合作持续推进。构建人类命运共同体多次写入联合国大会决议和多边文件，日益成为具有世界性标识意义的最重要公共产品，推动世界走向和平、安全、繁荣、进步的光明前景。

大道之行，天下为公。构建人类命运共同体是一个美好的目标，需要一代又一代人接续奋斗才能实现。在历史的关键当口回首过去、展望未来，人类建设美好世界的努力不会止步。中国将继续同各方和衷共济、团结合作，书写构建人类命运共同体新篇章，共同开创世界的美好未来。

（《人民日报》2025 年 1 月 6 日第 3 版）

永葆"干字当头"作风

希 仁

习近平总书记在中共中央政治局民主生活会上指出："纪律既明确了不能触碰的底线和边界，也为党员、干部干净干事、大胆干事提供了行动准绳。遵规守纪，就会拥有干事创业的充分自由和广阔空间。"

中央八项规定是铁规矩、硬杠杠，推动党风政风持续向好，引导广大党员、干部转变作风勇担当、真抓实干促发展。岁末年初，人们总结过去一年干了什么，谋划新的一年准备干什么，无论成绩还是计划，都离不开一个"干"字。

大道至简，实干为要。看准了就抓紧干。有句俗语，人误地一时，地误人一年。说的是农民种地，如果错过农时，就会影响一年的收成。干事创业，也是同样的道理。时间不等人、形势不等人，必须只争朝夕、担当作为，以实干作风赢得主动、赢得实效。

过去一年，从全面深化改革到进一步全面深化改革，呼唤更多的行动派、实干家。如何催生新动能，因地制宜发展新质生产力？安徽合肥市搭建科技成果转化专班，主动为产学研结合提供一站式、精细化服务。如何提高惠企政策落实的针对性有效性，进一步优化营商环境？辽宁沈阳市持续深入开展"我陪群众走流程"活动，广大党员、干部通过换位体验，找准问题症结，谋实改革良策……前进道路上，难免遇到各种各样的新问题、新挑战。但一系列改革实践告诉我们，实干是最质朴的方法论，是成就事业的必由之路。

干，是敢想敢干，锚定目标，迎难而上，也是能干会干，心中有数，破题有招。一年来的实践让党员、干部更加深刻地领悟到，要想干成事，就必须善于从党的创新理论中找方向、找路径，坚持到基层一线去找方法、找答案。如今，又到一年冰雪季，从"中央大街铺设新地毯"到"冰雪辽宁舰"，哈尔滨延续着此前的热度。保持人气的秘诀是什么？当地党员、干部干中学、学中干，总结了不少经验，"保持对游客的真心和热情""统筹推进产业焕新、城市更新，让城市既有颜值又有内涵"……实践证明，只要心中装着人民，务实肯干、勤在事上练，就能不断发现、掌握解决问题的"金钥匙"，就能不断练就担当作为的铁肩膀，就能不断增强干事创业的信心和底气。

作风就是形象，作风就是力量。广大党员、干部锲而不舍贯彻落实中央八项规定精神，永葆"干字当头"作风，敢想敢干、善作善成，定能不断创造新的更大业绩。

（《人民日报》2025 年 1 月 7 日第 19 版）

光荣属于每一个挺膺担当的奋斗者

周文文

"无数劳动者、建设者、创业者，都在为梦想拼搏。"在二〇二五年新年贺词中，习近平主席深情寄语，光荣"属于每一个挺膺担当的奋斗者"。这温暖有力的话语，饱含深厚的人民情怀，激荡起团结奋进的磅礴力量，激励亿万中华儿女在新时代新征程上砥砺奋进、勇毅前行，创造出不负历史和时代的荣光。

挺膺担当的奋斗者，是历史的书写者，也是未来的创造者。无数劳动者、建设者、创业者同心筑梦，笃行不怠，用汗水浇灌时代之花，用肩膀扛起民族复兴的重任，生动诠释了奋斗者的家国情怀和责任担当。1979 年至 2023 年，我国经济年均增长 8.9%，对世界经济增长的年均贡献率为 24.8%，居世界第一位。新时代以来，从集成电路、人工智能、量子科技等科技创新取得重要进展，到传统产业智能化改造和数字化转型持续推进，再到能源结构持续优化，非化石能源消费占比稳步上升，推动发展方式绿色低碳转型……高质量发展不断迈上新台阶。特别是 2024 年，面对复杂严峻形势，我们沉着应变、综合施策，攻坚克难、砥砺奋进，国内生产总值首次突破 130 万亿元，粮食总产量首次迈上 1.4 万亿斤台阶，新能源汽车年产量首次突破 1000 万辆……这些成绩的取得，离不开每一个中国人不懈奋斗、攻坚克难、辛苦付出，正是我们用努力和汗水推动中国式现代化的车轮滚滚向前。

今天的中国，是梦想接连实现的中国，是一个个奋力奔跑的你我他圆梦的舞台。他们是在巴黎奥运赛场上奋勇争先的中国体育健儿，顽强拼搏、为国争光，彰显青年一代的昂扬向上、自信阳光；他们是奋斗在乡村全面振兴广阔天地里的普通青年，带着新知识、新理念，积极投身乡村建设，发展特色产业和乡村旅游，为农业农村发展增动力、添活力，让古老乡村焕发蓬勃生机；他们是面对自然灾害不畏危险、冲锋在前的广大党员干部，用行动与信念诠释中国共产党人的初心使命；他们是捍卫领土主权、守护家国安宁的子弟兵，翻雪山、穿密林，用坚实的脚印和无畏的身影书写对祖国的忠诚……涓涓细流汇成沧海，块块砖石构筑长城，平凡的奋斗者创造出不平凡的成就，展现出新时代的新风采新风貌，更彰显出新时代中国人的志气、骨气、底气。

如果说时间是奋斗历程的记录者，那么奋斗则为时间标注起特殊的意义。2025 年是中国式现代化建设的又一个重要年份，"十四五"规划目标收官，"十五五"规划建议制定，如期完成目标任务，至关重要。光荣属于每一个挺膺担当的奋斗者，这是对奋斗者的肯定，更是对奋斗者的召唤。推进中国式现代化，是一项前无古人的伟大事业，必然要付出更为艰巨、更为艰苦的努力，必须依靠全体中华儿女的顽强拼搏和无私奉献。遵道而行，但到半途须努力；会心不远，要登绝顶莫辞劳。万众一心、迎难而上，在爬坡过坎中再过一山、再登一峰，就能看到更壮美的风景，拥抱更光明的未来。

点点星火，汇聚成炬。新征程上，每一个人都是主角，每一份付出都弥足珍贵，每一束光芒都熠熠生辉。载梦前行，我们每个人都要更加努力地奔跑，把握时间、抓住机遇，在奋斗中实现价值，在担当中收获成绩。恰如中国共产党的先驱李大钊所言："黄金时代，不在我们背后，乃在我们面前；不在过去，乃在将来。"让我们怀揣梦想乘风破浪，各展所长、各尽其责，继续用奋斗与努力赋予时间以意义，让你我他的拼搏奉献，汇聚成书写无愧于时代、无愧于人民的壮丽篇章的磅礴力量。

"梦虽遥，追则能达；愿虽艰，持则可圆。"让我们共同挺膺担当、努力奋斗！

（《人民日报》2025 年 2 月 11 日第 9 版）

办好"头等大事"，提升人民幸福成色

暨佩娟

悠悠万事，民生为大。习近平主席在二〇二五年新年贺词中指出："家事国事天下事，让人民过上幸福生活是头等大事。"这句话深刻体现出，让人民生活幸福是"国之大者"，国家的各项工作，都要以实现人民的幸福生活为根本出发点和落脚点。

人民性是马克思主义最鲜明的品格。中国共产党自诞生之日起，就把"人民"二字铭刻在心，把所有精力都用在让老百姓过上好日子上。毛泽东同志把党群关系比作鱼水关系，强调"我们共产党人好比种子，人民好比土地""我们这个队伍完全是为着解放人民的，是彻底地为人民的利益工作的"。"全心全意为人民服务"被写进党章。从"打土豪、分田地"让农民有了自己的土地，到新中国成立，人民真正成为国家的主人，中国始终朝着让人民幸福的方向迈进。

　　人民群众是历史的创造者。把"让人民过上幸福生活"视为头等大事，是对人民主体地位的坚守与彰显。党的十八大以来，以习近平同志为核心的党中央坚持以人民为中心的发展思想，把人民对美好生活的向往作为奋斗目标，为增进民生福祉行之笃之。2014年至2025年，在12年的新年贺词中，习近平主席共提到"人民"95次。中国共产党人夙夜在公、拼搏奉献，就是要"把人民的期待变成我们的行动，把人民的希望变成生活的现实"。发展向前，民生向暖。新时代以来，从深化户籍制度改革到加快推进政务服务"跨省通办"，从推进医药集中采购改革到实施居家和社区养老服务改革，从推动老旧小区改造到农村"厕所革命"……我们党始终站在人民立场谋思路、定举措，老百姓的日子越来越有奔头、有盼头。过去一年里，基础养老金提高了，房贷利率下调了，直接结算范围扩大方便了异地就医，消费品以旧换新提高了生活品质……这些"家事"连着"国事"，正是新时代人民群众幸福生活的生动演绎。

　　一切为民者，则民向往之。习近平同志在《之江新语》中讲述了这样一个故事：在一个偏僻的小村庄，村党支部书记郑九万病了，一天之内村民自发筹集了数万元手术费为他治病，甚至表示"就是讨饭了也要救他"，因为郑书记心里装着群众，真心实意地为人民群众做好事、办实事、解难事。可见民心是杆秤，只有顺民意、得民心、为民谋利的党员干部，才能得到人民群众的拥护和支持。我们要学习焦裕禄"心中装着全体人民、唯独没有他自己"、谷文昌"不带私心搞革命，一心一意为人民"、杨善洲"只要生命不结束，服务人民不停止"的精神，牢固树立正确政绩观，围绕群众的操心事、烦心事、揪心事实实在在干，干一件是一件，干一件成一件，不断提升人民幸福成色。

办好"头等大事"，要把握好几组关系。把握好"关键少数"和"绝大多数"的关系。各级领导干部是办好"头等大事"的组织者、指挥者、决策者和实践者，要带头做表率、当好"领头雁"，带领群众脚踏实地、拼搏实干，把群众智慧转化为做好工作的具体举措，一步一个脚印推动各项事业发展。把握好当前和长远的关系。党员干部要以百姓心为心，多想想哪些方面工作同群众期盼还存在差距，对于群众反映强烈的急难愁盼问题，不等不拖、立行立改，对于一时解决不了的问题，也要列出时间表，久久为功、持续用力，真正把好事实事做到群众心坎上。把握好大与小的关系。有的党员干部存在"事小而不为"的想法。然而，何为大，何为小？看一件事情的大小，不能只看其形式和规模，而要站稳人民立场，从群众切身需要来考量。民生工作千头万绪，看似细微具体的小事，实则是关乎民心向背、社会和谐稳定的大事，因此，有利于百姓的事再小也要做。

让人民过上幸福生活没有终点，只有连续不断的新起点。新征程上，我们要始终与人民群众心心相印、命运与共，办好"头等大事"，千方百计把老百姓身边的大事小事解决好，一件

接着一件办，一年接着一年干，不断把人民群众对美好生活的
向往变为现实。

（《人民日报》2025 年 2 月 13 日第 9 版）

有畏更要有为

刘　鑫

习近平总书记在二十届中央纪委四次全会上发表重要讲话强调："把从严管理监督和鼓励担当作为统一起来，使干部在遵规守纪中改革创新、干事创业。"党的纪律是约束言行的"紧箍咒"，也是干事创业的"护身符"。新的赶考路上，广大党员、干部必须有畏更有为，既牢固树立和践行正确政绩观，以党章党纪党规为标尺立身正行，始终知敬畏、存戒惧、守底线，又真正担得起重任、干得了实事、造福于人民，凝心聚力推动改革行稳致远。

木受绳则直，金就砺则利。干事担事，是干部的职责所在。但干事担事不是随心所欲、肆意妄为，只有把党的纪律挺在前面、责任抓在手中，清白做人、勤恳做事，才能始终做到忠诚干净担当。由此观之，从严管理监督和鼓励担当作为是内在统

一、相互促进的关系。严管的目的不是让人瞻前顾后、畏首畏尾，也不是搞成暮气沉沉、无所作为的"一潭死水"，而是要在明方向、立规矩、强免疫中营造积极健康的政治生态和干事环境，寓活力于秩序之中，建秩序于活力之上，以新作风、新作为推动改革发展事业取得新成效、新气象。但现实中，有一些干部顾虑"洗碗越多，摔碗越多"、信奉"多栽花少种刺，遇到困难不伸手"、追求"为了不出事，宁可不干事"等。凡此种种，都是不担当、不作为的表现，"病根"在于理想信念缺失，在于不能正确认识从严管理监督和鼓励担当作为的关系，长此以往必定贻误事业发展、影响工作成效、损害党的形象。

理想信念是人生的灯塔，也是干事创业的动力源泉。把从严管理监督和鼓励担当作为统一起来，使干部在遵规守纪中改革创新、干事创业，首要的是筑牢理想信念之基，坚持不懈用习近平新时代中国特色社会主义思想凝心铸魂，深刻领悟蕴含其中的崇高政治理想、鲜明人民立场、强烈历史担当，始终坚持党的事业第一、人民利益第一，切实做到为官一任、造福一方，持续激发改革攻坚、担当作为的内生动力。同时，用好党史教科书，主动从党的百余年奋斗史中寻经验、求规律、启智慧，在思想上正本清源、固本培元，时刻牢记"我是组织的人"，恪守入党誓词、加强党性修养、严守党规党纪、砥砺忠诚品格，不忘"来时路"、不停"脚下步"，以时不我待的责任感、躬身入局的紧迫感投身到中国式现代化建设伟大实践。

　　善用人者，必使有材者竭其力，有识者竭其谋。习近平总书记指出："实现中华民族伟大复兴，坚持和发展中国特色社会主义，关键在党，关键在人，归根到底在培养造就一代又一代可靠接班人。"把从严管理监督和鼓励担当作为统一起来，使干部在遵规守纪中改革创新、干事创业，关键要精准选人用人。一方面，要坚持重实干、凭实绩用干部，经常性、近距离、多角度、有原则地接触考察干部，既看"一时"也看"一贯"、既看"显绩"也重"潜绩"，把敢不敢扛事、愿不愿做事、能不能干事作为识别干部、评判优劣、奖惩升降的重要标准，推动形成能者上、优者奖、庸者下、劣者汰的良好局面。另一方面，事业发展向前，探索就有可能失误、做事就有可能出错，只有允许试错、宽容失败，改革才能永不停顿，必须坚决落实"三个区分开来"要求，更好激发广大党员、干部的积极性、主动性、创造性。同时，要依法依规严肃查处诬告陷害行为，向泼脏水行为坚决"亮剑"，用信任和保护让干部放下包袱、轻装上阵，心无旁骛开拓奋进、锐意进取。

　　越是担子重，越要爱护挑担人。各级党组织要加大关心关爱力度，持之以恒纠治形式主义，为基层减负松绑，在政治上多激励、工作上多支持、待遇上多保障、心理上多关怀，让想干事、会干事的干部能干事、干成事。对于受处分的干部，坚持"惩前毖后、治病救人"原则，既打"板子"也开"方子"，常态化进行回访教育，持续加强思想引导和正面疏导，帮助"跌倒"干部重新站起来，推动其从"有错"向"有为"转变。

（《人民日报》2025年2月14日第9版）

链接阅读

不惧风雨　充满信心
——习近平主席二〇二五年新年贺词启示

光明日报评论员

我们又一次站在时间的门槛上。在风雨无阻的跋涉中，我们挥别不平凡的 2024 年，迎来崭新的 2025 年。

在二〇二五年新年贺词中，习近平主席深情回望一年来我们留下的奋斗足迹，细数那些被定格的历史瞬间，为多个领域的"中国精彩"点赞，为挺膺担当的"中国奋斗"和"中国力量"喝彩。新年贺词中，一以贯之的深切民生关注和炽热人民情怀，直抵人心，在辞旧迎新之际，带给每一个你我别样的温暖和感动。

"我们从来都是在风雨洗礼中成长、在历经考验中壮大，大家要充满信心。"的确，这一年，我们的发展历程很不平凡，不仅外部压力加大，内部困难也增多。在中国经济发展的关键一程，面对复杂严峻形势，我们"乱云飞渡仍从容"，沉着应变、综合施策，向"新"而行、以"质"致远，向着既定目标和伟大梦想勇毅前行，国内生产总值预计超过 130 万亿元，交出了一份值得骄傲的成绩单。

"中国号"巨轮迎风破浪，在梦想征程中又留下浩荡澎湃的一笔。面向未来，我们充满信心。

信心，源自于实力。

看！在这片广袤的土地上，多少动人气象在竞相升腾，多少美丽画卷在徐徐铺展！

嫦娥六号首次月背采样，刷新科技创新高度；全球跑得最快的高铁 CR450 动车组样车发布，彰显中国速度；新能源汽车年产量首次突破 1000 万辆，为新质生产力发展写下生动注脚；"小城游""古镇游"异军突起，热烈的生活见证城乡发展活力；"中国游"成海外博主"流量密码"，展现中国文化魅力……

一个个激动人心的切片，折射出我们高质量发展的蓬勃生机，映照着中国式现代化的美好未来。

中欧班列开行数量进入"10 万 +"、共建"一带一路"合作项目钱凯港开港、"中国的春节"成为"世界的春节"……"中国智慧"和"中国方案"引发雄浑的世界回响。

的确，在中华民族的字典中，从来都镌刻着"图强"二字！虽百折而不挠，逢山开路，遇水架桥，敢于啃硬骨头，勇于涉险滩，早已熔铸为我们的民族品格。以坚持不懈的努力奋斗，赋予时间以意义，让其成为有意义的历史，并载入集体的共同记忆，已融入我们的民族情感！

信心，根植于人民。

历史由每一个今天写就，由每一个人共同创造。正如习近平主席所说，光荣"属于每一个挺膺担当的奋斗者"。

当"焊接工"高凤林几十年如一日深耕技艺，接过"大国工匠"的至高荣誉；当"大山之女"杨思琪站在浪的尖上，在巴黎奥运会赛场上奋力搏击；当默默无闻的治沙人成功为塔克拉玛干沙漠戴上"绿色围脖"……

相信总有那么一个时刻，你的内心也被激情点燃，被梦想照亮，感受到使命的召唤。我们一次次赞叹"每个人都了不起"，也更加笃信，我们每一个人的拼搏奋斗，必将汇聚成中国昂扬奋进的滚滚洪流！

的确，"中国式现代化的新征程上，每一个人都是主角，每一份付出都弥足珍贵，每一束光芒都熠熠生辉"。

2025年是"十四五"规划收官之年。让我们"走在时间前面"，坚定战略自信，保持战略定力，汲取改革智慧，干字当头，众志成城，昂首奔向民族复兴的光辉彼岸！

（《光明日报》2025年1月1日2版）

初心如磐　民生为大
——习近平主席二〇二五年新年贺词启示

光明日报评论员

"家事国事天下事，让人民过上幸福生活是头等大事。"在二〇二五年新年贺词中，习近平主席回望过去一年深入群众的温馨点滴，一句句深情的话语、一缕缕真切的关怀，展现出人民领袖对群众的无限牵挂，彰显了一个大党人民至上的如磐初心！

民生连着民心。我们党为人民而生，因人民而兴，人民对美好生活的向往，就是我们的奋斗目标。

过去这一年，我们坚持"让人民过上幸福生活是头等大事"的原则，老百姓急难愁盼的"问题清单"，被各级党委政府视为"责任清单"；过去这一年，我们秉持"中国式现代化，民生为大"的理念，柴米油盐这样的寻常小事，总是被当作关系百姓福祉的大事。

这是一份值得骄傲的民生成绩单：过去这一年，减轻家庭生育、养育、教育负担，"幼有所育"更有保障了；增加体育课时占比，"学有所教"更加科学了；异地就医直接结算范围扩大，"病有所医"更方便了；提高基础养老金，"老有所养"更有底气了；下调房贷利率、加大保障性住房建设和供给，"住有所居"更舒心了……

因为这份成绩单，过去这一年，大家的获得感又充实了许多。这份长长的民生成绩单，承载着一个大党最动人的人民情怀，氤氲着一个国家最暖心的民生温度！

保障和改善民生没有终点，只有连续不断的新起点。新年的钟声已然敲响，2025年是"十四五"规划收官之年。新的一年，如何将"让人民过上幸福生活"这件"头等大事"办得更好？"我们要一起努力，不断提升社会建设和治理水平，持续营造和谐包容的氛围，把老百姓身边的大事小情解决好，让大家笑容更多、心里更暖。"在二〇二五年新年贺词中，习近平主席如是宣告。

立足新起点，我们要深入调查、精准施策，让更多的百姓期待转化为可感可及的幸福。聚焦群众反映集中的共性问题、普遍性问题，亟待解决的痛点问题、难点问题，深入排查化解各类矛盾纠纷和风险隐患，瞄准百姓身边事、急难愁盼事发力改革，多办顺民意、惠民生、暖民心的实事，推出更多有温度、见实效的民生举措……我们大有可为！

眺望新征途，我们要通力协作、尽力而为，多为人民群众的幸福生活出实招、谋良策。无论是灵活就业和新就业形态劳动者权益保障，还是义务教育优质均衡发展、优质本科扩容；无论是坚持发展新时代"枫桥经验"，加强公共安全系统施治，还是善用科技创新的力量，以人工智能助力民生改善……我们都大有作为！

民生无小事，枝叶总关情。每一份民生诉求，都是对我们责任的呼唤；每一个民生难题，都是对我们智慧的考验。让我们怀着如磐初心，为着人民的幸福生活，继续奋斗吧！

（《光明日报》2025 年 1 月 2 日 1 版）

用奋斗创造别样精彩

——习近平主席二〇二五年新年贺词启示

光明日报评论员

　　"梦虽遥，追则能达；愿虽艰，持则可圆。"在二〇二五年新年贺词中，习近平主席深情回顾我们过去一年的奋斗历程，真诚礼赞各行各业为梦想拼搏的劳动者、建设者、创业者。铿锵的话语、温暖的关怀、殷切的期待，在全社会激荡起团结奋进的澎湃热潮。

　　春华秋实，岁物丰成。过去一年，全面建设社会主义现代化国家迈上新台阶：粮食产量首次突破 1.4 万亿斤，中国人的饭碗端得更牢更稳；低空经济、人工智能、量子通信等新兴产业捷报频传，现代化产业体系又壮实了筋骨；"神舟"会师、"嫦娥"探月、"梦想"扬帆，征服星辰大海的壮志豪情引世人瞩目；铁路营业里程突破 16 万公里，快递年业务量超 1500 亿件，流动的中国活力充沛……这份沉甸甸的发展答卷，由你我一同写就。光荣属于每一个挺膺担当的奋斗者！

新征程上，在以习近平同志为核心的党中央坚强领导下，各族儿女顽强拼搏、攻坚克难，用实干打开了事业发展的崭新天地，中华民族伟大复兴展现出前所未有的光明前景。清晰而坚实的奋进脚印，是我们不负时代使命的荣誉勋章，更是我们一往无前的底气来源。

历史一再证明，伟大梦想不是等得来、喊得来的，而是拼出来、干出来的。举目环视，当前，外部环境变化带来的不利影响还在加深，内部经济运行承压前行，改革发展任务艰巨繁重。面对可能出现的困难和挑战，我们深知，唯有保持"不畏浮云遮望眼"的定力，磨砺"越是艰险越向前"的韧劲，脚踏实地，埋头苦干，才能不断创造新的更大奇迹。

逐梦的道路没有坦途捷径，但只要心中有光、不舍寸功，千山万水也无法阻挡前行的脚步，遥远彼岸终有抵达的一日。奥运赛场上，体育健儿奋勇争先，尽展朝气蓬勃的青春风采；创新赛道里，科研人员日夜攻关，攀上一座又一座科技高峰；文化场馆中，文博工作者妙想巧思，让传统文化焕发时代生机……他们奋力奔跑的美好身影，为这个怀揣梦想、成就梦想的时代写下最生动的注脚。

新时代是奋斗者的时代。正如习近平主席在新年贺词中所言："中国式现代化的新征程上，每一个人都是主角，每一份付出都弥足珍贵，每一束光芒都熠熠生辉。"今天的中国，物质基础更加坚实，成才路径更加多元，创新环境更加包容，处处是施展才干、建功立业的舞台。与时间竞逐，与时代共振，我们定能在平凡中创造不凡，为"中国号"巨轮乘风破浪、扬帆远航汇聚起无往不至的磅礴力量。

出征号角催人奋进。党的二十届三中全会擘画了进一步全面深化改革、推进中国式现代化的宏伟蓝图。展望未来，崭新的篇章等待我们去书写，别样的精彩等待我们去创造。让我们迈开大步，向着梦想进发，在时间的坐标上镌刻新的奋斗足迹！

（《光明日报》2025 年 1 月 3 日 1 版）

人民幸福是头等大事
——学习习近平主席二〇二五年新年贺词

经济日报评论员

"人民"，始终是习近平主席新年贺词中的关键词，鲜明醒目、温暖有力。"家事国事天下事，让人民过上幸福生活是头等大事。"2025年新年贺词中，一句贴心话，贯穿着一如既往的人民立场，是我们一路披荆斩棘、创造辉煌的价值指向和力量源泉。

中国式现代化，民生为大。习近平主席贺词中提及的天水花牛苹果、东山澳角村，见证了全面推进乡村振兴带来的山乡巨变；基础养老金提高、直接结算范围扩大方便了异地就医，折射出在发展中保障和改善民生的尽力而为；消费品以旧换新提高生活品质、房贷利率下调惠及千万家庭，诠释以深化改革更好造福人民的发展逻辑。把"符合人民根本利益"作为发展的价值尺度，把"人民对美好生活的向往"作为奋斗目标，每前进一步都能最大范围地凝聚共识、最大程度地激发力量。

14亿多人，吃饭、就业、教育、医疗、住房、养老、托幼……办好一桩桩一件件民生实事，归根到底是让老百姓过上更好的日子。"更好"的期盼背后，是更高品质的生活；变动的民生清单中，也有应时而生的"新"课题。顺应这些"发展起来以后"的新期待，要求我们必须永葆一往无前的奋进姿态，在高质量发展中持续增进民生福祉，让现代化建设成果更多更公平惠及全体人民。

从历史中走来，向更高处攀登，我们面前是变乱交织的世界和艰巨繁重的改革发展稳定任务。随着中国式现代化伟大实践不断向前推进，前路之上还有疾风暴雨甚至惊涛骇浪。这样的形势，对用发展思维补齐民生短板提出了更高要求。要更加重视民生改善撬动发展的作用，下更大力气解决"急难愁盼"问题，让老百姓从能消费到愿消费，在扩大内需中积淀发展动能。也要充分发挥市场在资源配置中的决定性作用，优化有效供给，以高质量供给满足不断升级的新需求。

"头等大事"要实实在在干，干一件是一件、干一件成一件。应对困难挑战，不仅要帮助群众解决眼前的急事难事，多看看哪些事要马上办好、哪些事必须加快步伐办好，也要做好打基础利长远的好事实事，不断提升社会建设和治理水平，持续营造和谐包容的氛围，在日拱一卒、日有进益中持续改善民生，让人民笑容更多、心里更暖。

（《经济日报》2025年1月2日第1版）

聚焦高质量发展笃行实干
——学习习近平主席二〇二五年新年贺词

经济日报评论员

进入 2025 年，新的图景正在铺展开来。作为"十四五"规划的收官之年、全面深化改革向纵深推进的关键之年，中国经济将如何前行？"要实施更加积极有为的政策，聚精会神抓好高质量发展，推动高水平科技自立自强，保持经济社会发展良好势头。"习近平主席发表的新年贺词，给出了明确的答案。

"我们从来都是在风雨洗礼中成长、在历经考验中壮大"。走过的 2024 年，不仅外部压力加大，内部困难增多，各种唱衰论调借机甚嚣尘上。我们不惧风雨，沉着应变、综合施策，向"新"而行、以"质"取胜。国内生产总值预计超过 130 万亿元、粮食产量突破 1.4 万亿斤、绿色低碳发展纵深推进、新产业新业态新模式竞相涌现……纵是风高浪急，中国号巨轮依旧行稳致远。

当前，世界百年未有之大变局加速演进，机遇与挑战并存。无论外部环境如何变化，对中国来说，最重要的是做好自己的事。对照高质量发展的目标，我们的创新能力还存在差距，农业基础还不稳固，城乡区域发展和收入分配差距较大，生态环保任重道远，民生保障存在短板，社会治理还有弱项，等等。

破解难题，攻克挑战，需要坚定的信心和科学的方法。用好改革关键一招，努力把质的有效提升和量的合理增长统一于高质量发展的全过程，着力塑造发展新动能新优势，支撑经济实现长期持续健康发展，不断满足人民日益增长的美好生活需要。

"加强新领域新赛道制度供给""引导新兴产业健康有序发展""以国家标准提升引领传统产业优化升级"……党的二十届三中全会明确了一系列具体任务。完善以科技创新引领产业创新的机制、鼓励和包容产业发展的机制，建立未来产业投入增长机制，强化环保、安全等制度约束，等等，涉及一整套的深化改革行动。这要求我们抓住一切有利时机，利用一切有利条件，看准了就抓紧干，时不我待狠抓落实。新的一年，改革发展稳定任务十分繁重，要发挥经济体制改革牵引作用，注重各类政策和改革开放举措的协调配合，推动精准落地、力争早日见效，引领高质量发展不断迈上新台阶。

新年第一天，身披"闪耀中国红"的国产大飞机 C919 首次执飞沪港定期商业航班，国产大飞机迎来"更加繁忙"的一年。只争朝夕，不负韶华，让我们接续奋斗写就高质量发展的新篇章。

（《经济日报》2025 年 1 月 3 日第 1 版）

共同开创世界的美好未来
——学习习近平主席二〇二五年新年贺词

经济评论员

　　中国发展自己，更积极拥抱世界。在习近平主席发表的2025年新年贺词中，一句"以宽广胸襟超越隔阂冲突，以博大情怀关照人类命运"，让世界再一次看到中国开放自信的气度、计利天下的格局。"中国愿同各国一道""共同开创世界的美好未来"，一个真诚、负责任的大国，在当今变乱交织的世界里显得尤为珍贵。

　　世界的美好未来是什么模样？不同人或许有不同期待，但是和平、发展、合作、共赢，一定是各国人民共同的心愿。刚刚过去的2024年，百年变局加速演进，地缘冲突延宕升级。一边是"全球南方"加快崛起，在国际上发出日益洪亮的声音；一边是"脱钩断链"愈演愈烈，单边主义、贸易保护主义仍甚嚣尘上。站在人类发展新的十字路口，能否选择历史正确的一边、人民企盼的一边，关乎各国前途命运。

越是国际环境日趋复杂，越需要稳定人心的力量。而中国，恰恰为世界提供了稳定之锚、注入发展之力。日前公布的第五次全国经济普查数据显示，5 年来我国对世界经济增长的贡献率平均在 30% 左右，是全球经济发展的最大增长源。过去一年，过境免签政策升级、国际展会佳绩连连、给予所有建交的最不发达国家 100% 税目产品零关税待遇……开放的蛋糕越做越大，合作的清单越拉越长。"世界好，中国才能好；中国好，世界才更好"，一次次得到验证。

越是动荡变革的世界，越呼唤"天下一家"的担当。全球休戚相关，本当风雨同舟。在命运与共的大船上，只有把"我"融入"我们"，才能汇聚起更大合力。立己达人，向来是中华民族的传统，而今天，向 160 多个国家提供发展援助、同 150 多个国家携手共建"一带一路"、创设总额达 40 亿美元的全球发展和南南合作基金……一个个务实的中国方案、中国行动，再度印证了中国追求的不是独善其身的现代化，而是与各国共享机遇、共创未来。

大国之大，在于谋大势、担大义、行大道。"做友好合作的践行者、文明互鉴的推动者、构建人类命运共同体的参与者"——这是习近平主席的庄严承诺，也是中国为人类谋进步、为世界谋大同的坚定选择。无论国际环境如何变化，中国始终践行真正的多边主义，构建平等有序的世界多极化、普惠包容的经济全球化，推动高水平开放发展的时代潮流滚滚向前。

　　"一花独放不是春，百花齐放春满园。"各国前途命运紧密相连，唯有同"球"共济，才能缔造一个持久和平、普遍安全、共同繁荣、开放包容、清洁美丽的世界。与世界共赢的中国，也必将让世界的明天更美好。

（《经济日报》2025 年 1 月 4 日第 1 版）

在风雨洗礼中成长　在历经考验中壮大

胡　敏

习近平主席在发表二〇二五年新年贺词时指出，"当前经济运行面临一些新情况，有外部环境不确定性的挑战，有新旧动能转换的压力，但这些经过努力是可以克服的。我们从来都是在风雨洗礼中成长、在历经考验中壮大，大家要充满信心。"

"让人民过上幸福生活是头等大事。"2024 年，改革成为这一年最鲜明的标识。党的二十届三中全会吹响进一步全面深化改革的号角，300 多项重要改革任务全面部署为推进中国式现代化提供了强大的动力支持和制度保障。随着一项项改革举措相继出台，一波波改革红利不断释放，全国人民抓改革、促发展的积极性、主动性、创造性再次迸发。从下调存量房贷利率、稳住楼市股市、推动"两新""两重"等务实政策陆续落地见效，到提出推动中低收入群体增收减负、提高城乡居民基础养老金，从政府大力度推进"接诉即办"到营商环境的全面改善……改革向前，民生向暖，实实在在的改革举措，把老百姓身边的大事小情解决好，让老百姓有了更多笑容，感受到更多温暖。

"惟其艰难，方显勇毅。"攻坚克难是 2024 年中国经济最生动的写照。面对变乱交织的国际形势和国内经济运行的新困难，以习近平同志为核心的党中央顶住压力、克服困难、沉着应变、综合施策，充分展示了驾驭经济工作的高超智慧和娴熟能力。我国经济"稳"的势头有效延续，"进"的步伐坚定有力，"好"的因素逐步累积，高质量发展取得新的进展。因地制宜发展新质生产力，以科技创新引领产业创新方兴未艾。中国的"新三样"年出口突破万亿元大关，国际市场份额遥遥领先；航天事业再传捷报，新一代战机翱翔蓝天，AI 也以前所未有的速度嵌入各行各业、进入百姓生活。在新一轮科技革命汹涌澎湃中"中国创新"不再缺席。站在人类发展新的十字路口，面对百年变局的风云际会，中国携手各方在时代的风浪中谋大势、担大义、行大道，在历史的曲折发展中朝着构建人类命运共同体的崇高目标不断迈进。这一切成果，更加坚定了我们在新时代新征程开拓进取、扎实推进中国式现代化的决心和信心。

"梦虽遥，追则能达；愿虽艰，持则可圆。"2025 年是实现"十四五"规划圆满收官、"十五五"规划谋篇布局的重要一年。发展是解决中国所有问题的基础和关键，高质量发展是新时代的硬道理。中央经济工作会议深化对经济工作的规律性认识，明确提出"五个必须统筹"的科学方法论。我们要坚持稳中求进、以进促稳，守正创新、先立后破，系统集成、协同配合的工作基调，向改革要动力，以改革添活力，实施更加积极有为的宏观政策，推动科技创新和产业创新融合发展，推动中国经济沿着高质量发展轨道继续前行。全党必须自觉把改革摆在更加突出的位置，顺应时代发展新趋势、实践发展新要求、人民群众新期待，突出经济体制改革这个重点，紧紧围绕推进中国式现代化进一步全面深化改革。改革是一项系统工程，需要讲求科学方法，必须坚持改革和法治相统一，坚持破和立的辩证统一，坚持改革和开放相统一，处理好部署和落实的关系，推动各项改革举措落实落细落到位。

中国式现代化是干出来的。中国式现代化的新征程上，每一个人都是主角，每一份付出都弥足珍贵，每一束光芒都熠熠生辉。只要每一个中国人都能成为新征程上的时代主角，努力发出每一束属于自己的光芒，团结一心，坚定信心，汇聚起全体中华儿女昂扬向上的强大合力，中国式现代化航船一定会乘风破浪、勇往直前。

（《学习时报》2025年1月1日第1版）

激发干部干事创业的内生动力

王　宇

　　干事担事，是干部的职责所在，也是价值所在。习近平总书记强调，"干部干部，干是当头的，既要想干愿干积极干，又要能干会干善于干，其中积极性又是首要的"。中央经济工作会议强调，激发干事创业的内生动力，让想干事、会干事的干部能干事、干成事。这要求把干部"减负"和"赋能"有效统筹起来，为干部干事创业明确方向重点、增强底气动力，更好激发党员干部的积极性、主动性、创造性。

　　理想信念是人生的灯塔，也是干事创业的动力源泉。只有筑牢信仰之基、补足精神之钙，才能始终保持干事创业的昂扬斗志。坚持不懈用习近平新时代中国特色社会主义思想凝心铸魂，深刻领悟蕴含其中的崇高政治理想、鲜明人民立场、强烈历史担当，不断夯实干事创业的思想根基。从百余年党史中汲取奋进力量，自觉加强党性锻炼，践行正确政绩观，以实际行动诠释对党忠诚、为党分忧、为党尽职、为民造福的政治担当。善于用中国式现代化宏伟事业鼓舞人、激励人、感召人，增强时不我待的责任感、躬身入局的紧迫感，满腔热忱投入中国式现代化建设中来，努力创造无愧于新时代的光辉业绩。

正确用人导向是对干部最大的激励，用好一个人能激励一大片。精准识才、精准用才，为想干事、会干事的干部提供机会和舞台，有组织、有计划地将干部放到改革发展稳定第一线、艰苦复杂环境、关键吃劲岗位培养历练，激发"不待扬鞭自奋蹄"的内生动力。坚持事业为上，进一步树立重担当、重实干、重实绩的鲜明导向，把敢不敢扛事、愿不愿做事、能不能干事作为识别评价干部的重要标准，大力选拔政治过硬、敢于担当、锐意改革、实绩突出、清正廉洁的干部，让优秀者优先、有为者有位。对不敢担当、不愿负责、临阵退缩、投机取巧的干部，该免职的免职、该调整的调整、该降职的降职，持续释放能者上、优者奖、庸者下、劣者汰的强烈信号。推动干部能上能下，完善考核评价机制，加强考核结果运用，着力解决"干与不干、干多干少、干好干坏一个样"问题，努力营造正气充盈、奋勇争先的良好氛围。

干事业总是有风险的，不能期望每一项工作只成功不失败。特别是随着全面深化改革向纵深推进，一些"硬骨头"和"险滩"躲不过、绕不开，改革过程难免会出现失误。允许试错、宽容失败，改革才能永不停顿。但现实中，有的干部依然存在不敢作为的心理，怕干得越多出错越多、怕触及矛盾引火烧身、怕动辄被追责问责。解决这个问题，关键是要健全干部担当作为激励和保护机制，落实"三个区分开来"，以鲜明态度为担当者担当、为负责者负责、为干事者撑腰，让干部放下包袱、轻装上阵。对工作中出现的问题，统筹考虑动机态度、客观条件、性质程度、后果影响等因素，符合标准的大胆容错，当容则容、应容尽容。同时，严肃处理各种形式的诬告陷害，向泼脏水行为坚决"亮剑"，为受到不实举报的干部澄清正名，绝不能让流汗者流泪、干事者心寒。对受处分干部也不能放任不管，既要打"板子"又要开"方子"，帮助其实现从"有错"向"有为"的转变。

越是担子重，越要爱护挑担人。各级党组织要做干部的坚强后盾，关心关爱干部用心用情，政治上激励、工作上支持、待遇上保障、心理上关怀，增强干部的荣誉感、归属感、获得感。深入细致做好思想政治工作，加强日常谈心谈话，及时为干部解疑释惑、加油鼓劲。大力选树和宣传先进典型，影响和带动广大干部见贤思齐、实干进取。给基层干部特别是艰苦地区干部更多理解和支持，持续深化整治形式主义为基层减负，让大家安心、安身、安业，更好履职奉献。

新时代是大有可为的时代，新时代是奋斗者的时代。各级党组织要以正确用人导向引领干事创业导向，以组织担当激励干部担当、以组织作为促进干部作为，广大干部要坚定信心、抖擞精神、踔厉奋发、笃行不怠，唯有如此，才能汇聚起全社会团结奋斗的磅礴伟力，党和国家的事业才能无往而不胜。

（《学习时报》2025 年 1 月 3 日第 1 版）

头等大事要从解决百姓"小麻烦"做起

赵　晶

"家事国事天下事，让人民过上幸福生活是头等大事。"在 2025 年新年贺词中，习近平主席强调："我们要一起努力，不断提升社会建设和治理水平，持续营造和谐包容的氛围，把老百姓身边的大事小情解决好，让大家笑容更多、心里更暖。"这些暖心的话语彰显了习近平总书记深厚的人民情怀，也激励广大党员干部从解决困扰百姓的"小麻烦"中托起亿万人民"稳稳的幸福"的头等大事。

利民之事，丝发必兴。"小麻烦"连着"大民生"，体现着人民群众对党和政府为民服务的直观感受。这些"小麻烦"，或许是小区停车难带来的出行不便，或许是生活垃圾造成的环境脏乱，又或许是办事手续烦琐导致的反复奔波。然而，这些"小麻烦"恰恰与群众利益密切相关，不仅真实影响着群众的日常生活，更折射出社会治理的水平。"小麻烦"解决得快不快、好不好，事关人民群众获得感、幸福感、安全感。如果能着眼于这些琐碎细微之处，把人民群众的事当作自己的事，把人民群众的小事当作自己的大事，以实际行动回应群众期盼，必然能以真心真情赢得群众信任满意。每一个"小麻烦"的化解，都是在人民群众心中种下一颗信任的种子，日积月累，汇聚成党和政府公信力的参天大树。反之，如果漠视群众呼声、不问群众冷暖，"小麻烦"不仅不会自动消失，反而可能小事拖大，最终损害党群干群关系，损害党和政府的形象。

民生之事，千头万绪、无分巨细，从解决困扰百姓的"小麻烦"做起，把人民群众关心的朴实的愿望实现好，就是不断满足人民对美好生活的向往。现代社会是一个复杂多元的有机整体，如同精密仪器，任何一个小零件的故障都可能引发连锁反应，影响整体运转。办好群众身边小案小事，解决好群众身边的小困难、小麻烦，不仅能让人民群众更暖心、更安心，还能防微杜渐，避免更大社会层面危险案件事件的发生。因此，一个城市、一个国家的治理水平，往往体现在对细微之处的雕琢上。只有对"小麻烦"这些易被忽视的细节较真，以绣花般的耐心与细心去解决问题，不断优化公共服务供给，完善社会治理体系，才能让社会既充满活力又安定有序，为高质量发展创造良好的社会环境。

民生既连着家事，也连着国事，是民心所向，也是发展所需。

能否把困扰百姓的"小麻烦"解决好，检验的是对人民群众的感情和为民办事的能力。这一方面要求广大党员干部把人民群众的小事当作自己的大事，用心用情用力站稳群众立场。从食品安全、清洁取暖、垃圾分类等困扰百姓的"小麻烦"中寻找改革的关注点、发力点，想群众之所想、急群众之所急，跑得更勤、想得更深、用情更真，立足平凡岗位办好群众的身边小事。另一方面要致广大而尽精微，以耐心细心精心切实提高为民服务的本领，为群众提供更优质、更高效、更贴心的服务，把群众工作做到位、做到家，不断满足人民日益增长的美好生活需要。

现代化的本质是人的现代化。在中国式现代化进程中，党和政府的一切工作，都是为了让老百姓过上更加幸福的生活。从解决困扰百姓的"小麻烦"做起，一步一个脚印，实实在在地为百姓排忧解难，我们定能汇聚起人民对美好生活向往的磅礴力量，共同绘就更加幸福美满的新画卷。

（《学习时报》2025 年 1 月 15 日第 1 版）

奋 斗 创 造 幸 福

· · ·　　　　　　　下 篇

"共和国勋章"获得者王永志——
飞天逐梦赤子心

作为我国"两弹一星"工程重要技术骨干、第二代远程战略导弹技术带头人、载人航天工程的开创者之一，参加和主持了6个导弹型号、4个火箭型号和神舟系列飞船设计研制；荣获国家最高科学技术奖、国家科学技术进步奖特等奖，被中央军委授予"载人航天功勋科学家"荣誉称号……他就是中国载人航天工程首任总设计师、中国工程院院士王永志。

王永志生前曾说，他一生干了三件大事——参与完成"研制战略导弹、研发运载火箭、送中国人上太空并筹建'天宫'"。这三件事他一干就是一辈子，为国防现代化建设和载人航天事业作出杰出贡献。9月13日，他被授予"共和国勋章"。

1964年6月，王永志第一次走进大漠。此时的他正担任中近程火箭总体设计组组长，参加我国自行设计的第一枚中近程导弹"东风二号"的发射任务。

因天气炎热，火箭推进剂在高温下膨胀，燃料储箱内不能加注足量的燃料，致使导弹射程不够。在场专家十分焦急，想尽办法添加推进剂。

经过反复思考、严密计算，王永志却"反其道而行之"，提出可以把燃料泄出来一部分，减少自身重量后就可以实现预计目标了。

"本来火箭射程就不够，还要往外泄燃料？"在场专家有不同意见。

情急之下，王永志鼓起勇气敲开了发射现场技术总负责人钱学森的房门，充分交流后，钱学森肯定了王永志的方案。

1964 年 6 月 29 日，"东风二号"导弹发射成功，标志着中国导弹事业走上了自主研制的道路。王永志也在不断历练中，成长为我国新一代远程战略导弹技术的领军人物。

打破常规的创新精神始终贯穿于王永志的科研工作中。"要想有创新，首先自己心里要有底，同时也要有勇气。这种勇气是出于事业心和责任感。"他说，"国家的需要就是我们的理想和志愿。"

1992 年，王永志被任命为中国载人航天工程的总设计师。他带领团队开拓进取，取得一系列创新成果。经过不懈攻关，神舟飞船开始了迈向太空的征程。

王永志与航天人一道，满怀信心地迎来中国首次载人飞行。

2003 年 10 月 16 日，中国航天员杨利伟乘坐神舟五号载人飞船，在太空运行 14 圈，顺利完成各项预定操作任务后，安全返回主着陆场，首次载人航天飞行圆满成功。"这 11 年我们完全是埋头苦干，付出了很大的努力。"王永志说，中华民族千年的飞天梦想实现了。

特别能吃苦、特别能战斗、特别能攻关、特别能奉献，王永志始终保持忘我的工作状态。

神舟四号飞船发射前他突发急性胰腺炎，在院治疗期间仍电话远程指挥；2007 年，他已 75 岁高龄，被任命为国家科技重大专项载人空间站工程实施方案编制组组长，对众多重大关键技术问题进行多次论证；在载人航天工程空间站核心舱发射的关键时期，他突发心脏病入院手术，急救刚结束就让工作人员把材料带到病床旁边，为前方提供咨询建议……直接从事导弹火箭研制 30 年、载人航天工程 24 年，退休后也没有离开科研战线。

2010 年，为表彰王永志在中国载人航天事业中作出的突出贡献，经国际天文学联合会批准，第 46669 号小行星被永久命名为"王永志星"。

飞天逐梦赤子心。王永志的崇高品德、科学精神和突出成就，将永远闪耀在浩瀚苍穹。

（人民日报记者金正波，《人民日报》2024 年 9 月 16 日第 4 版）

"共和国勋章"获得者王振义——
潜心科研护健康

　　百岁人生，70多年从医，他始终致力于报效祖国、服务人民。从成为中国工程院院士、获得国家最高科学技术奖，到如今被授予"共和国勋章"，众多荣誉加身的他告诉青年学子：做人要有不断攀高的雄心，也要有一种正确对待荣誉和自我约束的要求与力量。

　　他，就是著名医学家和医学教育家王振义。

　　1924年出生在上海，1948年毕业于震旦大学医学系并以全班第一名的成绩留任学校附属的广慈医院（现上海交通大学医学院附属瑞金医院）。王振义说，从第一天穿上白大褂起，他就真心喜欢上医生这个职业。从医70多年，这份爱始终不变。

　　职业生涯早年，他曾参加抗美援朝医疗队，荣立二等功一次。在血友病等血液病领域，他为患者解决过大大小小的问题。

但是，让他寝食不安、几十年不能放下的，是曾被称为"血癌"的白血病。

王振义对白血病的研究从上世纪 50 年代就已开始。工作多次调动，无论在哪里、干什么，他都兢兢业业、刻苦勤奋。70 年代中期，他回到上海瑞金医院内科，白血病的诊治和研究再次成为他的攻关目标。王振义创新性提出了让肿瘤细胞转化为良性细胞的临床治疗新策略，找到了"全反式维甲酸"。

1986 年，一个 5 岁的小女孩入住上海儿童医院，被确诊为急性早幼粒细胞白血病，出血严重，极度虚弱。王振义顶着压力，提议给孩子口服自己研究了 8 年的诱导分化药物——全反式维甲酸。7 天后，女孩症状明显好转。这个小女孩是世界上第一个口服全反式维甲酸成功痊愈的急性早幼粒细胞白血病患者。

此后，他和团队一起研究提出"全反式维甲酸联合三氧化二砷"方案，使得白血病患者 5 年生存率大大提高。他和团队又从分子生物学角度找出疾病发病机理和药物作用的机制，使之成为全球公认的"上海方案"。国际肿瘤学界最高奖凯特林奖授奖时，将他称为"人类癌症治疗史上应用诱导分化疗法获得成功的第一人"。

从医执教多年，王振义桃李满天下。他在瑞金医院血液科自创了一种特殊的教学查房方式——"开卷考试"：每周初由学生们提交临床上遇到的疑难病例形成"考卷"，在现场查房、讨论病例之外，他集中时间搜索全球最新文献资料，不断学习、思考、分析后给出"答卷",并与学生们一起探讨交流,找出病情线索和治疗方案。

"这是对我自己的'开卷考试',也给青年医生们一点帮助,激励他们不断学习。"王振义说。这样的"开卷考试"坚持了20年,根据他的"开卷考试"答案梳理而成的著作《瑞金医院血液科疑难病例讨论集》已经连出3集。

王振义的家里挂着一幅题为《清贫的牡丹》的画。"牡丹,一般被认为象征荣华高贵。但我的这幅牡丹很恬淡、清雅。我想,做人也是如此,对事业要看得重,对名利要看得淡。"王振义这样解读这幅画。

在王振义眼里,最大的快活有两件事:一是学习,"把不知道的事变成知道";二是治好患者的病。在与医学生们对话时,王振义说:"人生的价值在于为人类做了什么事、作出怎样的贡献。医生是为人类健康事业作贡献的,捍卫生命是一种职责和义务。"

（人民日报记者姜泓冰,《人民日报》2024年9月18日第4版）

"共和国勋章"获得者李振声——
扎根麦田助增产

　　他是我国小麦远缘杂交育种奠基人和农业发展战略专家，培育推广抗病、高产的远缘杂交小麦；组织开展多项重大农业科技攻关，荣获国家最高科学技术奖、国家技术发明奖一等奖……数十年来，中国科学院院士李振声为促进我国粮食增产、保障国家粮食安全发挥了重要作用。

　　1956 年，响应国家"支援大西北"号召，25 岁的李振声踏上从北京开往陕西的列车，随身背包里除了简单的生活必需品外，还有牧草草根。

　　当时，小麦条锈病在我国黄河流域肆虐，一年便能导致小麦减产超百亿斤。李振声产生了一个大胆的想法：能不能将牧草与小麦杂交，培育出抗病性强的小麦品种？李振声把携带的牧草草根种在研究所的院子里，搭建了简易的半地下土温室，并牵头组建了一个青年科学家课题组。

经过 20 多年攻关，课题组在 1979 年育成了小麦新品种——"小偃 6 号"。"小偃 6 号"能同时抵抗 8 个条锈病菌生理小种，且产量高、品质好。这些品质让它成为中国小麦育种的重要骨干亲本，其衍生品种有 80 多个。

李振声不仅是麦田里亲力亲为的耕耘者，更是中国麦田谋划者、拓荒者。

1987 年 6 月，李振声任中国科学院副院长。当时，我国粮食产量已出现连续 3 年的徘徊不前。如何进一步增产？他提出一个影响至深的建议——黄淮海中低产田治理。

为此，李振声和调研团队跑遍黄淮海地区。在河南封丘，调研团队了解到，当地推广中低产田治理措施后，给国家贡献更多粮食；在安徽蒙城，中低产田的治理成本也都得到回报。这些实践成果让李振声看到了中低产田治理的潜力。

充分调研和准备之后，1988 年 2 月，中国科学院组织 25 个研究所 400 多名科技人员深入黄淮海地区，与地方科技人员合作开展了大面积中低产田治理工作。经过 6 年治理，仅黄淮海地区就增产 504.8 亿斤。

2013 年，82 岁的李振声组织实施"渤海粮仓科技示范工程"，实现环渤海地区 5 年增粮 200 多亿斤。2020 年，年近 90 岁的李振声再次提出建设"滨海草带"的设想，以确保我国饲料粮安全。

李振声说："新中国让我有饭吃，又能上大学，这是我过去从不敢想的事情。国家培养了我，我应该回报国家。"这也是李振声一生科研工作的写照。

在不懈耕耘的过程中，李振声培养了一批中国农业科技领域的骨干人才。

学生陈化榜对李振声的关怀和培养记忆犹新。"对于指导学生，李先生更多是从大方向上把关。"陈化榜说，老师常说，科研创新要接地气，要跟着国家的需求选择自己要做的事情。

每年入冬前，李振声都要带学生去田里看小麦的苗期繁茂性；早春去调查小麦的抗寒性；5、6月在田里指导选种。"哪一块地有好材料，他都记得很清楚，要求学生也记得。"学生郑琪说。

如今，中国科学院遗传与发育生物学研究所成立了李振声"滨海草带"青年突击队，集中所内10多个育种和养殖团队的优势科研力量，在山东省东营市开展攻关。新时代的青年科技工作者，传承老一辈科学家的精神，继续在祖国的大地上书写自己的科技论文。

（人民日报记者吴月辉，《人民日报》2024年9月18日第4版）

"共和国勋章"获得者黄宗德——
战斗英雄许党报国

初秋时节，93 岁高龄的黄宗德，身着微微泛黄的旧军装，缓慢而坚定地走上天津警备区某干部休养所党课教育讲台。"今天的幸福生活来之不易，它是无数革命先烈的鲜血换来的。作为新时代的革命军人，要继承好革命传统，苦练过硬本领，保卫好我们的祖国！"望着讲台下的官兵，黄宗德饱含深情地说。

黄宗德 1931 年出生于山东省荣成县（现荣成市），17 岁时入伍投身革命，先后参加渡江战役、江西剿匪、抗美援朝战争，是英勇顽强、不怕牺牲的战斗英雄，曾荣获"二级战斗英雄"、胜利功勋荣誉章，荣立一等功、二等功各 1 次，被朝鲜授予"一级国旗勋章"。

1948 年 12 月，解放战争进入战略决战的白热化阶段，黄宗德义无反顾报名参加解放军，光荣地成为一名革命战士。那年他只有 17 岁。

投身革命不久，黄宗德迎来了他军旅生涯中的第一场大仗。1949 年 4 月，解放军发起渡江战役。一次战斗中，黄宗德和战友组成冲锋队。密密麻麻的子弹在身边穿梭，爆炸声不绝于耳。"砰"的一声，一枚手榴弹在冲锋队员的身边爆炸。"当我醒来的时候，发现自己已身负重伤，5 个人牺牲了 3 个，还有 1 名战友的嘴里不停地往外吐血沫。"战友拼尽最后的力气睁开眼睛，望着黄宗德断断续续地说："替我向家里人捎个信，也替我看看咱们的新中国……"带着战友的心愿，黄宗德一次次在战斗中冲锋陷阵，为解放事业贡献力量。

抗美援朝战争中，志愿军发起第三阶段反击作战，黄宗德所在连队奉命攻打上九井西山。冲锋号响起，身为班长的黄宗德带领战士们快速冲出屯兵洞，突入敌前沿阵地。20 多分钟后，部队从正面炸毁 12 个敌暗堡，而此时战友死伤已过半，黄宗德悲痛万分，带领幸存的战士直扑敌阵，最终将顽抗之敌一一歼灭，完全控制了上九井西山的表面阵地。

艰苦卓绝的战斗历程，也让他患上严重的皮肤病、风湿病，至今 3 块弹片仍留在体内无法取出。对此，黄宗德无怨无悔："与那些牺牲的革命先辈和并肩战斗的战友相比，这又算得了什么！"

"烽火岁月虽已远去，但我经常会在梦里重回战场，与战友们重逢，他们还是那般年轻。在梦里，我多次向战友们描述着今天的中国……"几十年来，每每回忆起那些生死相依的战友，黄宗德都难以控制自己的情绪，感念今天的幸福生活来之不易。

进入和平年代，黄宗德始终认为："作为共产党员、革命军人，硝烟散去，也要永远铭记自己许党报国的誓言。"

黄宗德在日常生活中积极学习党的创新理论，通过口述战斗历史、拍摄宣传视频、宣讲红色故事等方式宣传我党我军优良传统。"见证新中国的发展富强是我的荣幸，讲好红色故事是我的责任。"黄宗德说。

离休以后，黄宗德作弘扬革命传统的报告数十场。有人担心他年纪越来越大，身体吃不消。黄宗德总是微笑着回应："正因为我老了，所以更要争分夺秒做一些力所能及的事，这样才不负穿过的军装，不负牺牲战友的嘱托。"

新中国成立 75 周年之际，黄宗德再次走进校园。讲罢战斗故事，他和学生们漫步在学校操场上，谈话间语重心长："你们是国家未来的希望，一定要好好学习，为祖国贡献自己的力量。"

（人民日报记者李龙伊，《人民日报》2024 年 9 月 19 日第 2 版）

（程昊昊参与采写）

"人民科学家"王小谟——
自力更生研制"千里眼"

  2009 年 10 月 1 日，国庆 60 周年阅兵式上，一架"背"着"大蘑菇"的飞机，作为空中编队的排头兵引领着庞大机群米秒不差飞过天安门广场。播音员激动地说："空中方队过来了，带队长机就是我国自主研制、具有世界先进水平的空警 2000 预警机，我们的蓝天骄子！"这是中国预警机第一次在全球观众面前公开亮相。观礼台上，王小谟指着飞机，眼含热泪。

  研制出我国第一部使用计算机技术的三坐标雷达，打造了中国人自己的预警机，做出了 3 型雷达，并把雷达"搬"上飞机……王小谟坚信"中国人一定能行"，终其一生为祖国国防事业打造"千里眼"。

  新中国成立 75 周年前夕，王小谟被授予"人民科学家"国家荣誉称号。

1961 年，王小谟毕业分配到国防部第十研究院第十四研究所。1969 年，响应国家"三线"建设号召，王小谟投身到深藏在黔西南大山中的电子工业部第三十八研究所（今中国电科 38 所）的创建中。王小谟挑起了三坐标雷达总设计师的担子，带领一批技术骨干，开始了三坐标雷达研究。

筚路蓝缕、披荆斩棘。1984 年 4 月，383 雷达获批定型，技术指标达到国际先进水平。我国一举进入三坐标雷达技术世界先进行列，防空雷达实现了从单一警戒功能向精确指挥引导功能的跨越。1985 年，这一项目获得国家科技进步奖一等奖。

"国外对我们的技术封锁，让我们必须走出一条自力更生之路。"王小谟不止一次感叹。

上世纪末，预警机在海湾战争中发挥了重大作用。有人形象地将其比喻为"空中千里眼"和"云间中军帐"。

当时，人们印象中的预警机，是一种机身上装着巨大圆盘状雷达天线的大型飞机。"就那个'大蘑菇'，以前别说造，就是从国外买回来自己装到飞机上去都难。"王小谟说。

深知"核心技术是买不来的"，王小谟调任中国电子科技集团公司电子科学研究院常务副院长，带领团队研制国产预警机。

"我们不但要研制出预警机，而且还要研制出世界领先的预警机！"王小谟和团队咬紧牙关、攻坚克难。夏日，封闭的机舱内温度甚至达到了 40 多摄氏度；冬天滴水成冰，即使裹着大衣也瑟瑟发抖；噪声更是巨大。在这样的艰苦环境中，年近七旬的王小谟坚持奋战在试验现场，还经常加班到凌晨。

仅一年时间，王小谟带领的团队就把地面样机做好了。经过精确的技术方案确定和全面的关键技术攻关，国产预警机终于研发成功，并创造了世界预警机发展史上的 9 个第一、突破了 100 余项关键技术、累计获得重大专利近 30 项。

2013 年 1 月 18 日，王小谟荣膺 2012 年度国家最高科学技术奖。

王小谟喜欢听梅兰芳的戏。他曾有一个愿望："到 70 岁以后，每天只上半天班，剩下的时间找一帮喜欢京剧的人一起练练。"可这个愿望一直没能实现，即便年过八旬身患癌症，他依然坚守在工作岗位。2023 年 3 月 6 日，王小谟因病在京逝世，享年 84 岁。

王小谟将青春和生命奉献给祖国和人民，祖国和人民永远铭记他。

（人民日报记者吴储岐，《人民日报》2024 年 9 月 20 日第 4 版）

"人民科学家"赵忠贤——
初心不改　超越不断

60 多年前，当年轻的赵忠贤背起行囊来到北京时，中国的超导研究刚刚起步。如今他年逾八旬，中国的高温超导研究已跻身世界的前列。

赵忠贤是我国高温超导研究主要的倡导者、推动者和践行者，带领团队攻坚克难、潜心致研，为高温超导研究在中国扎根并跻身国际前列作出突出贡献，在国际超导界享有盛誉。在新中国成立 75 周年之际，赵忠贤被授予"人民科学家"国家荣誉称号。

超导现象指在一定的低温状态下，某些材料中的电子可以无阻地流动，表现出零电阻现象。在世界各国科学家的努力下，超导体的相关研究不断取得突破，不仅表现在基础研究方面，还开拓了技术应用领域。

在超导研究史中出现过两次高温超导重大突破，赵忠贤及其合作者都取得了重要成果：独立发现液氮温区高温超导体、发现系列 50K（开尔文，热力学温度单位）以上铁基高温超导体并创造 55K 纪录。

1976 年，赵忠贤开始从事高临界温度超导体的研究。1986 年 9 月底，他和同事开始铜氧化物超导体研究工作。接下来的几个月里，赵忠贤和同事们夜以继日地奋战在实验室。在最困难的时候，他们依然充满信心，相互鼓励："别看现在这个样品不超导，新的超导体很可能就诞生在下一个样品中。"

辛勤与执着换来了成果：1987 年初，他们独立发现了转变温度为 93K 的液氮温区高温超导体，并在国际上首次公布其元素组成。

在讲述研究历程时，赵忠贤反复提到一个词——坚持。

20 世纪 90 年代中后期，国际物理学界在高温超导机理的研究上遇到瓶颈，国内的研究也受到影响。

"热的时候坚持，冷的时候也坚持。"赵忠贤带领超导团队持之以恒地进行研究。制备、观察、放弃、重新开始……在这样的坚持下，一个个新成果接踵而来。

2008 年，赵忠贤提出高压合成结合轻稀土替代的方案，并率领团队很快将超导临界温度提高到 50K 以上，创造了 55K 的铁基超导体转变温度的世界纪录。

在此期间，他还推动了超导学科的发展，并培养了一批人才。赵忠贤等人联名建议成立国家超导实验室（现超导国家重点实验室）并获得批准，赵忠贤担任首届实验室主任。目前，超导国家重点实验室已经成为国际上实力领先的超导研究基地，培养了一大批优秀的超导研究人才。

科研之路艰难漫长，但赵忠贤始终满怀希望。

"快乐在于每天都面对解决新问题的挑战。"赵忠贤时常勉励后辈，要有远大的目标，更要脚踏实地去工作。"既然选择了科研这条道路，就要安下心来，不要心猿意马。"赵忠贤说。

如今，赵忠贤把更多的精力放在为年轻人把握科研方向和营造好的科研环境上。他说："我希望将自己的经验教训分享给年轻科研工作者，让他们能少走些弯路，取得更大的成绩。"

（人民日报记者吴月辉，《人民日报》2024 年 9 月 21 日第 4 版）

"人民卫士" 巴依卡·凯力迪别克——
一家三代接力护边

在帕米尔高原上，有一个叫红其拉甫的地方。这里平均海拔 4500 米以上，氧气含量不足平原一半，风力常年在七八级以上。新疆喀什塔什库尔干塔吉克自治县提孜那甫乡原护边员巴依卡·凯力迪别克一家三代人守卫边境，给红其拉甫边防连做向导，在生命禁区为官兵指向带路。

1949 年 12 月，红其拉甫边防连刚刚成立，马上要执行边防巡逻任务，巡逻的目的地是被称为"死亡之谷"的吾甫浪沟，这一路上，要翻越 8 座海拔 5000 米以上的雪山达坂，还要 80 多次蹚过刺骨的冰河，只能依靠牦牛引路，有时还会发生雪崩、滑坡、泥石流等。

如果没有经验丰富的向导，巡逻队寸步难行。就在边防连发愁时，塔吉克族牧民凯力迪别克·迪力达尔来了。在此后的

23 年里，凯力迪别克·迪力达尔作为向导，与边防官兵一起，走遍了红其拉甫边防线上的每一块界碑、每一条河流、每一道山沟。1972 年 8 月，凯力迪别克·迪力达尔带着儿子巴依卡·凯力迪别克，最后走了一次吾甫浪沟，然后把向导接力棒交到了儿子手中。

从此，巴依卡·凯力迪别克牢记父亲的嘱托，为边防官兵做向导，一干就是 37 个年头。从青丝走到白发，巡逻 700 余次，巴依卡·凯力迪别克一次次帮助边防官兵化险为夷、转危为安，是官兵眼中的"活地图"。

37 个春秋，巴依卡·凯力迪别克遇到的急难险情数不胜数。1997 年，提孜那甫河水暴涨，巴依卡·凯力迪别克被大浪从牦牛背上打落，摔在一块大石头上，身体受了伤，3 个月后才痊愈；1999 年，遇到罕见的暴风雪，巴依卡·凯力迪别克的腿在零下 30 摄氏度的寒风中冻伤，军医费了好大劲才保住他的双腿……但他一直坚持巡边护边："巡逻是国家的事情，也是牧民的责任。没有国家的界碑，哪有我们的牛羊？"

1998 年 6 月，巴依卡·凯力迪别克光荣加入中国共产党。他坚定地说："我愿意永远与边防官兵一起，守卫在祖国边防线上。"

2004 年，巴依卡·凯力迪别克的儿子拉齐尼·巴依卡从部队复员回到家乡。父子俩一起走上了去吾甫浪沟巡逻的路。巴依卡·凯力迪别克详细地为儿子介绍路过的每一个路标、每一座险峰、每一处急流，他叮嘱最多的就是要守护好官兵的安全、守护好边境的安全。5 年后，巴依卡·凯力迪别克把接力棒交到了儿子手中。

2018 年，拉齐尼·巴依卡当选第十三届全国人大代表。2021 年 1 月 4 日，正在喀什大学参加人大代表专题培训班的拉齐尼·巴依卡奋不顾身救起一名不慎落入冰湖的儿童，生命定格在 41 岁。"失去儿子我心里特别难过。但他是为救人牺牲的，我为他感到骄傲。"巴依卡·凯力迪别克说。

2021 年 7 月，河南郑州突发特大暴雨灾害，巴依卡·凯力迪别克牵挂受灾的同胞，以儿子拉齐尼·巴依卡的名义捐款 20 万元。"如果拉齐尼还活着，他也一定会这么做。"巴依卡·凯力迪别克说。

在新中国成立 75 周年之际，巴依卡·凯力迪别克被授予"人民卫士"国家荣誉称号。

（人民日报记者杨明方、李亚楠，
《人民日报》2024 年 9 月 23 日第 4 版）

"人民艺术家"田华——
满腔深情投入演出

有着80年党龄的电影表演艺术家田华，塑造了"白毛女""党的女儿"等家喻户晓的角色，广受人民群众喜爱。她用心演戏、深情演出，以实际行动诠释一名文艺老兵对新中国文艺事业的忠诚。在新中国成立75周年之际，田华被授予"人民艺术家"国家荣誉称号。

1928年，田华出生在河北唐县。12岁时，她报名参加抗敌剧社，成为儿童舞蹈队的一员。16岁那年，田华加入中国共产党。从抗日战争到解放战争，部队打到哪里，田华就演到哪里。

东北电影制片厂计划将《白毛女》拍成电影时，田华被选中饰演主人公"喜儿"。凭借丰富的生活积累和朴素充沛的感情，田华出色地完成了"喜儿"的形象塑造，一个勤劳、善良又不屈不挠的农家女孩形象立在了银幕上。

1958 年，田华在电影《党的女儿》中扮演共产党员李玉梅。电影公映后，茅盾先生发表了文章《关于〈党的女儿〉》，评价"田华塑造的李玉梅形象是卓越的。没有她的表演，这部电影就不能给人以那样深刻而强烈的感染"。

"人可以老去，但艺术永远长青。只要生命不终结，舞台就永远不落幕！"田华参演过 40 余部作品，每部作品都精雕细刻，每个形象都反复打磨，获得了国家有突出贡献电影艺术家、金鸡百花奖表演"终身成就奖"等荣誉。

"人民养育了我，我要还艺于人民。"田华始终牢记文艺工作者的使命任务。多次参加中国文联主办的"送欢乐下基层"活动，努力将优秀的艺术作品奉献给人民；跟随央视"心连心"艺术团走进老少边穷地区、走进厂矿部队科研一线，义务慰问演出……从东海之滨到西部高原，从繁华闹市到贫困山区，处处留下她的足迹。她始终心系军营、情注官兵，多次随慰问艺术团体，深入革命老区、基层连队、边防哨所进行慰问演出。

为培养更多优秀人才，早在 1996 年，田华就创办了"田华艺术学校"，请来中央戏剧学院、北京电影制片厂、八一电影制片厂等单位的艺术家为学生传道授业。每年新生入学，她都会为他们上一堂德育课，教育年轻人"学艺先学做人"。她告诫年轻演员："要身在名利中，心在名利外，靠一流演艺赢得掌声，靠艺术实力打造精品。"

1990 年 3 月，田华从八一电影制片厂演员剧团团长的岗位离休。虽然离开工作岗位，但每逢重要节日、重大演出、赈灾义演，田华总是"召之即来、来之能战"。

参加庆祝新中国成立 60 周年文艺晚会《复兴之路》排练时，她突发急性骨膜炎，靠偷偷吃止痛片坚持。2021 年，田华作为军队英模代表参加庆祝中国共产党成立 100 周年大会，为了呈现最饱满的精神状态，93 岁高龄的她对着镜子反复练习敬礼。她常说："我的一切都是党和人民给的，没有党和人民就没有我的今天。"

田华还把极大的热情倾注到公益事业上。作为"山花工程"爱心大使，她深入太行山、大别山等革命老区，把书本、文具和学费交到山区儿童手中，鼓励他们好好学习。

"既演好'党的女儿'角色，又永葆'党的女儿'本色，是我不懈的人生追求。"如今，96 岁的田华依旧初心不变、本色不改。

（人民日报记者金正波，《人民日报》2024 年 9 月 23 日第 4 版）

"人民工匠"许振超——
精益求精　持续创新

稳稳推动操作杆，按动按钮，拉起集装箱……走进山东港口青岛港码头的远程操控驾驶室，青岛前湾集装箱码头有限责任公司固机高级经理许振超，正在为远程操控桥吊的青年工人分享操作要领。

"我跟桥吊打了一辈子交道，希望帮助大家快速成长。"如今，74 岁的许振超每隔一段时间就会到作业一线交流分享。

数十年来，许振超先后 9 次刷新集装箱装卸世界纪录，创造了"振超效率"。他带领团队开展科技攻关，首次实施集装箱轮胎吊"油改电"技术改造，大幅节约生产成本。新中国成立75 周年之际，许振超被授予"人民工匠"国家荣誉称号。

精益求精做好本职工作，许振超说，自己的座右铭是"干就干一流，争就争第一"。

上世纪 80 年代，青岛港引进桥吊这一大型集装箱装卸设备，许振超成为第一批桥吊司机。他勤学苦练，掌握了桥吊装卸的过硬技术。

几年后，许振超成长为桥吊队队长。当时，桥吊操作过程中，总是出现故障，他与同事发现其中一半以上的故障都是吊具故障。经过排查，许振超确认故障是起吊和下落速度太快，吊具与集装箱产生碰撞引起的。

"干脆来个无声响操作。"许振超决心解决这个问题。他提出想法：装卸集装箱过程中做到平稳高效的精准控制，金属与金属接触不发出声响。为了达到无声响操作效果，许振超一头扎进驾驶室，磨练起操作技能。

经过半年多的摸索练习，在控制桥吊装卸集装箱时，吊具在下放到离集装箱 20—30 厘米时实现二次停钩，随后再缓慢下落，轻拿轻放，没有声音，许振超得偿所愿。之后，他编写操作手册，"无声响操作"这项技术在青岛港推广开来。

2003 年 4 月 27 日晚，一艘货运巨轮停靠青岛港码头，8 台桥吊一字排开，经过 6 个多小时的紧张作业，货轮装载的 3400 个集装箱全部装卸完毕。许振超和工友们创下了每小时单机效率 70.3 自然箱和单船效率 339 自然箱的世界纪录。

自此之后，"振超效率"声名远扬，青岛港在世界航运市场的知名度越来越高。截至 2019 年 11 月，许振超带领工友们 9 次创造世界纪录。2019 年 11 月 24 日，他与工友们一道创造每小时单船效率 514.7 自然箱的最新世界纪录，并一直保持至今。

与时俱进、争创一流，许振超又有了新的目标。长期以来，港口堆场的轮胎吊都是柴油机供能，污染问题突出，维护成本高昂，影响生产效率。许振超把目光聚焦到堆场的轮胎吊上，立志实现轮胎吊动力系统的"油改电"。许振超凭着一股不服输的劲头开始钻研，取电装置与供电装置怎么链接成为一个难题，他向创新要方法，从飞机加油中找到启发，设计出伸缩变动的伸缩管，一举攻克难关，堆场的 60 多台轮胎吊全部顺利实现电力驱动。

作为践行"工匠精神"的优秀代表，许振超近年来把更多精力投入技术人才培养。2011 年，人力资源和社会保障部批准成立"许振超技能大师工作室"。截至目前，许振超团队申报国家专利 108 项，完成自主技术创新项目 998 项。在他的带动影响下，一大批先进典型脱颖而出。

（人民日报记者王者，《人民日报》2024 年 9 月 24 日第 4 版）

"人民教育家"张晋藩——
深耕法史　悉心育人

"前几年用 6 倍放大镜，现在用 12 倍放大镜了。"94 岁的中国政法大学终身教授张晋藩，患眼疾后视力严重下降，但他坚持边听学生口述，边拿放大镜对着文稿逐字逐句修改。

在新中国成立 75 周年之际，张晋藩被授予"人民教育家"国家荣誉称号。他是我国著名法学家和法学教育家、新中国中国法制史学科的主要创建者和杰出代表，一生致力于推动中国法制史研究和法治人才培养。

张晋藩 1930 年出生于辽宁沈阳。"我的童年是在伪满洲国统治下度过的，那时历史课不教中国的历史。"张晋藩回忆，"'灭人之国，必先去其史'，侵略者就是要让中国人忘记自己的根。"

1950 年，张晋藩就读中国人民大学中国法制史专业研究生。当时，在不少老师和同学眼中，资质出众的他就读冷僻的法制史专业有些屈才。但在酷爱读书尤其爱读史书的张晋藩看来，这个选择是天大的幸事。"研究中国法制史，可以了解中华法治文明的深厚底蕴。泱泱中华，历史何其悠久，文明何其博大，这是我们的自信之基、力量之源。弘扬中华优秀传统法律文化就是我要扛起的责任。"张晋藩说。

在 1979 年以前，国外曾召开过 3 次中国法制史国际研讨会，都没有邀请大陆学者参加。

"不能让我们的子孙到外国去学习中国法制史！"1979 年，中国法律史学会成立大会在吉林长春召开，张晋藩在会上提出了编写《中国法制通史》多卷本的建议。

自此，张晋藩牵头召集国内法制史学界的学术力量，历时 19 年，苦心钻研，出版《中国法制通史》十卷本，为新中国中国法制史学科做了奠基性、开创性工作。

不仅著书立说，张晋藩更是一位师者。

张晋藩在新中国法律史学上创造了多项"第一"：招收了第一届法律史学博士生、第一届博士留学生、第一届论文博士生，创建了第一个也是目前唯一的法律史学国家级重点学科研究中心。

担任中国政法大学副校长兼研究生院院长后，张晋藩主张建立提高研究生学术水平和独立开展科学研究工作能力的培养制度。在他任职期间，每个研究生每年都有经费保障其参加至少一次学术会议。

"对年轻博士最重要的要求就是，做学问要为现实提供有益的、科学的、历史的借鉴。这是学法制史的目的，史学的作用是观照当下。"张晋藩说。

他这样要求学生，也这样身体力行。"学校要我做首席专家，我所能做的就是激活中华优秀传统法律文化，为今天全面依法治国挖掘历史资源。"

近年来，张晋藩从全面依法治国与中华优秀传统法律文化创造性转化、创新性发展的角度，撰写20余篇学术文章。"要让数千年积淀的宝贵精神遗产焕发新的活力，为建设中华民族现代文明增添法治动力。"张晋藩说。

"不自满，不偷懒"，是张晋藩的治学名言。"只要身体能顶住，我还是要多读一点东西、多做一些研究。"张晋藩总是这么说。

（人民日报记者魏哲哲，《人民日报》2024年9月26日第7版）

"人民教育家"黄大年——
探索创新　至诚报国

2009 年 12 月 24 日，吉林长春瑞雪纷飞，迎接游子归家。

挥手告别剑桥大学优越的工作生活条件，国际知名战略科学家、我国著名地球物理学家、归国科研人员的杰出代表黄大年内心坚定："现在正是国家最需要我们的时候，我们这批人应该带着经验、技术、想法和追求回来。"

归国第六天，黄大年便与吉林大学正式签下全职教授合同。作为国家多项技术攻关项目的首席专家，黄大年带领团队只争朝夕、顽强拼搏，取得一系列重大科技成果，部分成果达到国际领先水平——

固定翼无人机航磁探测系统工程样机研制成功，填补了国内无人机大面积探测的技术空白；无缆自定位地震勘探系统工程样机研制突破关键技术，为开展大面积地震勘探提供了技术支持和坚实基础；万米大陆科学钻探工程样机"地壳一号"研制成功，为实施超深井大陆科学钻探工程提供了强有力的技术装备支持……

与探测仪器专家合作研发深部探测仪器装备，与机械领域专家合作研发重载荷物探专用无人机，与计算机专家合作研究地球物理大数据处理与解释……在黄大年看来，科学是严谨的，亦需奇思妙想。

他深知，我国虽拿到了新一轮世界科技竞赛的"入场券"，但必须牢牢抓住创新这个"弯道超车"的机遇，才能追赶上时代的脚步——必须搞交叉研究、搞融合研究。

回国仅半年多，黄大年就统筹各方力量，绘就吉林大学交叉学部蓝图。2016 年 9 月，辐射地学部、医学部、物理学院等院系的新兴交叉学科学部初步形成，黄大年担任首任部长。

吉林大学地质宫 507 室是黄大年的办公室，墙上挂着一张巨幅日程表，天南地北的工作轨迹密密麻麻。最后的几笔记录，在 2016 年戛然而止——

当年 6 月 28 日，在位于北京的中国地质科学院地球深部探测中心，黄大年作为首席科学家主持的地球深部探测关键仪器装备研制与实验项目，通过了评审验收，中国进入"深地时代"！

没人知道，赴京前一天，黄大年晕倒在办公室。次日，他吃着救心丸走进评审验收现场。

11 月 29 日，北京飞成都的航班上，黄大年再次晕倒。飞机一落地，他便被救护车接走，双手还紧紧抱着随身携带的电脑，"我要是不行了，请把我的电脑交给国家……里面的研究资料很重要……"回到长春，黄大年被助手"逼着"做完检查后，马不停蹄赶往北京开会。人还没回来，检查结果出来了：疑似肿瘤。

12月14日，黄大年被推进手术室。门将关上那一刻，他突然说："我想出去再看看我的学生们。"回到手术室门口，他与二三十名老师、学生一一握手。

令人痛惜的是，2017年1月8日13时38分，黄大年与世长辞。

在新中国成立75周年之际，黄大年被授予"人民教育家"国家荣誉称号。从黄大年到黄大年式教师团队，无数教师在中国大地上延续着心有大我、至诚报国的爱国情怀，教书育人、敢为人先的敬业精神，淡泊名利、甘于奉献的高尚情操。

（人民日报记者吴丹，《人民日报》2024年9月26日第7版）

"人民医护工作者"路生梅——
扎根黄土高原　守护群众健康

　　"我的奶奶、妈妈和我，都找过路奶奶治病。"在陕西省榆林市佳县，路生梅的电话号码和家庭住址几乎家喻户晓，不少家庭的三四代人都请她诊治过。

　　为贫困地区人民服务 50 多年，大幅降低当地婴儿死亡率，累计接诊患者超过 15 万人次……新中国成立 75 周年之际，陕西省佳县人民医院原副院长、主任医师路生梅被授予"人民医护工作者"国家荣誉称号。

　　1968 年，24 岁的北京姑娘路生梅怀着"服从祖国分配，到最艰苦的地方去"的念头来到佳县，成为一名医生。

　　佳县位于黄土高原腹地，彼时生活条件十分艰苦——喝的是浑浊的黄河水，每天就供应一瓢；住的是窑洞，刚开始路生梅不会生火，只能睡冰冷的土炕；衣服和头发有时还会染上虱子……夜深人静时，身在异乡的她也曾偷偷抹过眼泪。

生活上的困难并未让路生梅退缩。当地群众的健康状况和医疗条件不乐观，让她暗下决心，一定要改变这里落后的医疗条件、推动医疗卫生知识普及。此后，不管是年轻时到外地进修面对工作调动的机会，还是退休后接到多家医院高薪返聘的邀请，她都一一婉拒。

"佳县这块土地需要我，黄土地上的群众需要我。"路生梅说，用医学理论、科学技术改善佳县的医疗状况，是她工作的动力和毕生的追求。

20世纪80年代，为更专业有效地救治患儿，路生梅等人创办佳县人民医院儿科。路生梅积极筹措经费，组织所有护士分批进修，并引入大查房、会诊等先进做法，积极推广儿童计划免疫，推行新法接生，倡导儿科医生进产房，不断提升科室医疗水平。担任副院长后，路生梅着力改善医疗卫生条件，培养本地名医，带领全院职工创建爱婴医院和二级甲等医院。

自路生梅创办儿科以来，佳县的新生儿死亡率从20世纪60年代的60‰降至0.6‰，小儿静脉穿刺技术水平在全市名列前茅。

佳县人民医院内科护士长魏雄美幼时曾被路生梅救治，从此立志学医从医。在路生梅带动下，一大批心系患者、技术过硬的青年医学人才，成为佳县群众的健康守护者。

1999年，路生梅退休了，但她坚持为群众义诊。

"春秋流感多发时，路大夫家的患者不断，有时候半夜还能听见患者急火火的敲门声。"邻居张改霞说，她常常看见中午都过了，路生梅的早饭还在锅台上放着没来得及吃。

"患者什么时候来，我就什么时候开始工作。"据估算，路生梅在退休后的 20 多年时间里，义务诊治超过 10 万人次。

如今，本就瘦小纤弱的路生梅，需要全天系着护腰带以缓解身体不适，上坡时走几步就得歇一会儿，还饱受双眼白内障的困扰。即便如此，她仍然心系患者。路生梅说，她很珍惜现在还有能力给群众看病的宝贵时间。

"人民的健康是我们永无止境的奋斗目标。未来的岁月中，我将继续服务佳县人民，践行使命。"路生梅说。

（人民日报记者龚仕建，《人民日报》2024 年 9 月 27 日第 4 版）

"经济研究杰出贡献者"张卓元——
追求学术真理　为国建言献策

　　他长期从事市场经济理论研究，被誉为中国经济学界的"常青树"；在价格改革、建设现代市场体系等领域提出许多颇具建设性意义的主张，为我国经济体制改革作出了突出理论贡献……他就是著名经济学家、中国社会科学院学部委员张卓元。

　　新中国成立75周年之际，张卓元被授予"经济研究杰出贡献者"国家荣誉称号。

　　从1954年进入中国科学院经济研究所工作至今，张卓元一直勤勤恳恳，笔耕不辍。

　　70年的研究生涯里，张卓元出版专著10部（其中个人独著3部），主持编写了《中国经济学60年》和《新中国经济学史纲》，出版个人论文集12部，发表论文500多篇，个人著述约300万字。

　　中学时，张卓元偶然读到了苏联著名经济学家列昂节夫的

《政治经济学》，对此产生了浓厚兴趣。1950 年，高中毕业报考大学时，张卓元选择了中山大学经济系。毕业后，他进入中国科学院经济研究所（今中国社会科学院经济研究所）工作。随后参加了由时任经济研究所所长孙冶方主持的《社会主义经济论》的编写整理工作，开始了对"价值规律"的不懈探求。

1962 年，张卓元发表了《对"价值是生产费用对效用的关系"的初步探讨》一文，对商品社会使用价值是商品价值能够实现的前提进行了探讨，在学界和社会上都产生了广泛的影响。

在改革开放后思想解放的大潮中，张卓元从认识价值规律的作用出发，逐渐产生以市场化推进价格改革的观点，与后来坚持稳定地推进以市场经济为导向的经济体制改革的主张逻辑一致、思想一脉相承。

1983 年，50 岁的张卓元出任中国社会科学院财贸经济研究所所长。1993 年，他被调到工业经济研究所当所长。1995 年后又转任经济研究所所长。

张卓元始终把自己的研究和国家发展所需紧密结合起来，将理论的创新扎根于我国经济建设的实践，参加了诸多中央文件的起草和决策咨询工作，对我国经济改革和发展起到了推动作用。

1987 年，在中国经济体制中期改革方案研讨会上，刘国光、张卓元领衔的中国社会科学院课题组提出"稳中求进"的改革思路。我国改革开放 40 多年的经济发展，充分证明了"稳中求进"的预见性和正确性。

实践出真知。张卓元认为，做研究，特别是经济学研究，要更多地从实际出发，找问题、找经济活动的内在联系，提出有针对性的对策建议。

研究如此，为师亦如此。对于自己的学生，张卓元也要求他们不能只是囿于书本或是在网上查资料，吸收别人的"间接经验"，而是要多开展实地调查、多了解真实情况。

"研究改革开放问题，是中国经济学家的天职，也是我们施展才能、报效祖国的绝好机会。"2013 年 12 月，在荣获第二届吴玉章人文社科终身成就奖时，80 岁的张卓元说。"这个时代为经济学家的研究提供了最肥沃的土壤和极为丰富的素材，也为经济学家提供了施展才能的最广阔的舞台。"时至今日，91 岁的张卓元依然心系国家和人民，时刻关心我国经济体制改革问题。

（《人民日报》2024 年 9 月 27 日第 4 版）
（综合人民日报记者吴储岐和新华社记者孙少龙、王雨萧报道）

"友谊勋章"获得者迪尔玛·罗塞芙——
见证友谊　推动发展

上海浦东新区国展路 1600 号，金砖国家新开发银行总部大楼。巴西前总统、新开发银行行长迪尔玛·罗塞芙身着红色西装外套，脸上洋溢着笑容。

"能在新中国成立 75 周年之际，获得中国国家对外最高荣誉勋章'友谊勋章'，我感到非常骄傲。"罗塞芙表示。

"无论是构建人类命运共同体理念还是共建'一带一路'倡议，习近平主席提出的诸多中国理念、中国方案，都是智慧的体现。"罗塞芙表示，这一系列中国理念和方案具有强大感召力，为人类提供了全球治理的全新视角。"尤其是构建人类命运共同体理念，反映了世界各国人民谋求和平与发展的共同愿望，是中国为人类和平与发展事业提出的宝贵方案。"

今年是中国同巴西建交 50 周年。巴西是首个同中国建立战略伙伴关系的发展中国家和首个将双边关系提升为全面战略伙伴关系的拉美大国。建交半个世纪以来,中巴关系始终保持稳定发展,各领域务实合作成果丰硕,罗塞芙是中巴友好的重要见证者和推动者。

"习近平主席用'志同道合的好朋友、携手前行的好伙伴'来形容巴中两国关系,我认为是非常精准恰当的。"罗塞芙说。中国自 2009 年起一直是巴西最重要的贸易伙伴,巴西是中国在拉美的最大贸易伙伴国。近年来,从港口、物流等基础设施到人工智能、航空航天,中巴合作领域不断拓展。

中国和巴西分别是东西半球最大发展中国家,中方始终从战略高度重视和发展中巴关系,树立了南南合作的典范。罗塞芙认为,共建"一带一路"倡议可同巴西"再工业化"、"南美一体化路线"等发展战略对接,深化巴中两国多层次多领域联动,助力各自现代化进程。

回忆起担任巴西总统时推动两国关系发展的经历,罗塞芙说,2014 年,在巴中建交 40 周年之际,习近平主席对巴西进行国事访问。访问期间,双方宣布签署 56 项合作文件,其中 32 项在两国元首见证下签署。

"当时,我们还在巴西共同见证了新开发银行的诞生。"罗塞芙表示,新开发银行是金砖合作重要里程碑。中国作为创始成员国和东道国,始终与其他成员国一道,推动新开发银行稳健运营和不断发展。"近年来,新开发银行取得越来越好的成绩,国际影响力稳步提升。"罗塞芙说。

去年春天到上海就任新开发银行行长以来，罗塞芙走访了中国多个省份，中国式现代化建设的成就及经验给她留下深刻印象。罗塞芙说："中国一直有一种坚定——坚定地走自己的发展道路。全球南方国家大多有从被殖民到走向独立自主的艰辛历程，中国式现代化取得的成功为发展中国家树立了榜样。"

罗塞芙表示，改革开放以来，中国约8亿人口摆脱贫困，这是人类历史上的一项壮举。这项伟大成就不仅惠及中国，也对其他国家提升人民生活水平具有重要借鉴意义。

闲暇时候，罗塞芙对中国的传统文化和艺术十分感兴趣。她说："中国的哲学、历史和文化博大精深。中国在不断发展，期待未来的中国！"

（人民日报记者张博岚，《人民日报》2024年9月28日第5版）

"体育工作杰出贡献者"张燮林——
奉献乒坛　为国争光

　　他是新中国第一批乒乓球世界冠军成员、长胶打法的创始者；他曾任中国乒乓球女队主教练，率队夺得 10 届世界乒乓球锦标赛女团冠军，13 次获得国家体育运动荣誉奖章……

　　他就是张燮林，耕耘乒坛一辈子，为弘扬中华体育精神和推动中国体育事业蓬勃发展作出重大贡献。9 月 13 日，他被授予"体育工作杰出贡献者"国家荣誉称号。"感谢党的培养和国家的关怀。"张燮林说："我很荣幸，乒乓球给了我一切。"

　　上世纪五六十年代，作为运动员的张燮林，在比赛中常能把几乎落到地板上的球变魔术般地削回去，许多乒坛高手败在他的直板长胶削球打法下，张燮林因此被称为乒坛"魔术师"。

　　1960 年，张燮林获得上海市运动会乒乓球单打冠军，当年 12 月，他和来自全国各地的优秀运动员进京集训，备战次年举行的北京世乒赛。在这场世界大赛中，张燮林先后淘汰日本队两位名将，为中国队再夺世乒赛男单冠军"圣·勃莱德杯"扫除障碍，他自己也登上了男单季军领奖台。

1963年布拉格世乒赛，张燮林为中国队首次蝉联男团冠军建立奇功，并与王志良搭档获得中国队史上首个男双冠军。1971年名古屋世乒赛，他与林慧卿合作，成为中国队首对混双世界冠军。

"祖国荣誉高于一切！"张燮林和队友们在多届世乒赛上奋力拼搏，为中国队在世界乒坛保持长盛不衰奠定了坚实基础。

退役后，张燮林在国家队担任副总教练、女队总教练等。在执教的20多年里，他秉持"因人而异、因材施教"的指导理念和"百花齐放"的培养模式，带出的队伍打法全面，运动员风格多样。葛新爱、焦志敏、邓亚萍等一批世界冠军脱颖而出，屡创佳绩。

张燮林这样描述所带队伍的技术特点："世界上没有的，我们都要有；世界上有的，我们要更好。打法多了，对手就很难捉摸透我们。"

在张燮林指导下，中国乒乓球女队共取得10届世乒赛女团冠军，多次女单、女双、混双冠军，以及3枚奥运金牌。1996年，国际乒联授予张燮林"优秀教练员特别荣誉奖"。

张燮林在团队管理中也总结出许多宝贵经验。他曾提出"28个心"的治队理念——对党和国家要"忠心"，对社会公共事业要有"爱心",上场时要有"自信心"……

离开教练队伍后,张燮林到国家体育总局乒乓球羽毛球运动管理中心担任副主任,继续为乒乓球事业贡献力量。退休后,他长期关心国家队的发展和建设,并积极致力于乒乓球全民健身活动的开展。

张燮林希望,中国乒乓的拼搏精神和优异成绩继续被发扬光大,以此助推全民健身与全民健康深度融合,让人们在挥洒汗水中收获健康与快乐。

(人民日报记者孙龙飞,《人民日报》2024年9月28日第5版)

解放军和武警部队持续奋战防汛救灾一线——
人民至上 使命必达

我国全面进入主汛期以来，一些地方降雨量大、持续时间长，防汛形势严峻。

习近平总书记强调："当前正值'七下八上'防汛关键期，各地区和有关部门要高度重视、压实责任，加强监测预警，强化巡查排险，落实落细各项措施，切实保障人民群众生命财产安全。"

人民至上，使命必达。解放军和武警部队官兵闻令而动、冲锋在前、勇挑重担，在多个地域紧急投入防汛抗洪救灾工作，以实际行动诠释了人民子弟兵的使命和担当。

哪里有灾情、哪里有需要，人民子弟兵就出现在哪里

灾情就是命令！7月19日20时40分许，陕西商洛市柞水

县境内一高速公路桥梁因山洪暴发发生垮塌，导致一些车辆坠河。灾害发生后，武警陕西总队某机动支队、商洛支队官兵迅速出动，紧急赶赴现场。

抵达后，官兵分为 10 个小组，通过步行、乘坐皮划艇和运用无人机侦察等方式展开搜救。断桥下方河滩已被洪水冲毁，树干、碎石散落。他们抢抓黄金救援期，对两岸河滩进行仔细排查，争分夺秒搜救失联人员。

目前，救援官兵正与各方力量密切配合，全力开展搜救工作。

7 月 5 日下午，湖南岳阳市华容县团洲垸洞庭湖一线堤防发生决口，造成垸区被淹。

900 余名解放军和武警部队官兵、民兵紧急驰援，第一时间投入抢险救援。脚下是湍急的洪流，身后是村庄、学校和群众。对于子弟兵来说，这是一场不能打输、不能撤退的战斗。

一米一米推进，一分一秒争夺……7 月 8 日晚，经过 77 小时的奋战，"决口封堵战"终于迎来胜利时刻——武警第二机动总队某支队的推土机铲斗，与来自中国安能集团的推土机铲斗成功"握手"，团洲垸决口实现合龙！

哪里有灾情、哪里有需要，人民子弟兵就出现在哪里——

7 月 20 日凌晨，四川雅安汉源县马烈乡新华村因暴雨突发山洪灾害，通信、道路、桥梁中断，武警四川总队雅安支队紧急出动 80 余名官兵、10 余台车辆赶赴灾区，全力开展人员搜救、重点区域排查、受灾群众转移等工作；

江西南昌市锦江松湖街河段水位持续升高，南昌警备区第一时间组织民兵 200 多人，连夜赶赴松湖镇、沿江大堤生米段等地，装填沙袋、加固堤坝，组织巡堤护坝，展开险情排查和处置……

广大官兵危急关头勇挑重担，各任务部队充分发挥基层党组织战斗堡垒作用和党员先锋模范作用，党员带头冲锋在前、连续作战，坚决完成党和人民赋予的任务。

7月16日晚，受强降雨影响，河南南阳市唐河县洪峰过境，湍急的唐河水冲刷着大堤。接到命令后，武警河南总队机动支队官兵紧急出动，执行加固堤坝任务。

"党员跟我上！"眼看洪水即将漫过堤坝低凹处，党员突击队队长邵志辉大喊一声，带头跳入河中。突击队队员紧随其后，用身体临时构成一道防护堤。

"一名党员就是一面旗帜。"指导员姜文华说，他们接到紧急出动命令后，第一时间组建党员突击队，党员骨干冲在前、打头阵，让党旗在防汛一线高高飘扬。

冲锋在前、勇挑重担，全力守护人民群众生命财产安全

一身身沾满泥浆的军装，一双双磨出血泡的手掌，一次次无畏果敢的冲锋……在湖南岳阳抗洪抢险阵地上，子弟兵全力

守护人民群众生命财产安全。

接到部队即将执行抗洪抢险任务的命令后，南部战区空军航空兵某旅干部郭光主动请缨担任先遣组组长，在灾情不明朗的情况下先遣出发，为大部队探明情况、制定人员分工方案和架设通信链路。

人民利益高于一切，群众生命重于泰山，是子弟兵心中的坚定信念。广大官兵与时间赛跑，守护人民群众生命财产安全。

湍急水流里，他们带给群众最坚定的守护——

在华容县团北村，3 位老人被困在民房中，其中 1 位已 90 岁高龄。

"相信我们，一定会把大家救出去。"乘冲锋舟抵达现场后，华容县人武部保障科科长魏伟安抚老人情绪，几经周折才把 3 位老人背了出来。

大堤决口以后，救援民兵在淹没区逐家逐户拉网排查，连续奋战 30 多个小时，直到确认所有群众安全转移。

群众需要时，他们以无私奉献诠释军人本色——

6 月中下旬，广东梅州市遭受暴雨侵袭，多地发生房屋坍塌、山体滑坡、电力中断、道路受阻。火箭军某部官兵迅速携带各类抢险救灾物资，赶赴受灾严重的平远县。

在救援队伍中有一名战士叫张峻培，他来自江西吉安市，家乡不久前也遭遇严重洪涝灾害。在得知家人平安后，他主动放弃休假，选择留在部队与战友们一起参与抢险救援。

"虽然我的家乡也在遭受洪涝灾害，但是也有像我一样的人在帮助他们，我感觉很放心。"张峻培说。

军地携手、风雨同舟，齐心协力抗洪抢险救援

湖南岳阳市，陆军某旅官兵抵达任务区后，放下被装就上了大堤，24小时驻守在堤上。10多名女兵也编组到一线。顶着烈日，女兵们同乡亲们一起，仔细检查堤坝。一天下来，迷彩服湿了又干，干了再湿。

岳阳市退役军人事务局紧急筹措了饮料、西瓜、贴身衣物等物资，连夜分发至一线官兵手中。"近些天来持续高温，我们不能让官兵们倒下。"岳阳市退役军人事务局局长李力之说。

军地合力、风雨同舟，彰显了军民鱼水情深。

谁把人民放在心上，人民就把谁放在心上。封堵决口的那几天，不少群众因不能靠近决口封堵作业现场，便来到钱团间堤，慰问加固堤坝的官兵和民兵。

酷暑难耐、空气潮湿，不少人身上长了痱子、红疹。有群众见到后，自发为官兵送来饮用水、痱子粉。

奋战在彭泽县棉船镇的武警江西总队九江支队战士杨帅军说，执行任务时，每当回过头，总能看到群众在守望着他们。

"一天有好几批群众送来西瓜、绿豆汤、鸡蛋，都是他们自家产的……"杨帅军说，"还有群众告诉我，以往也有部队官兵

来棉船镇执行抗洪抢险任务，所以看到我们格外亲。"

"一声'到'，一生到。"这是广大退役军人的庄严承诺。在防汛抗洪救灾中，许多退役军人退役不褪色，将责任扛在肩上。

华容县团洲垸机械轰鸣，岳阳市"张超民兵先锋连"队员接续奋战在抢险救援一线。这个以全军挂像英模张超命名的民兵连，前身是岳阳市岳阳楼区民兵应急连，是一支有着近50年光荣历史的民兵连队，骨干队员多是素质过硬的退役军人，曾多次执行防汛抗洪任务。

"只要心往一处想、劲往一处使，就没有战胜不了的困难！"突击排长杨彪是一名退役军人，服役期间曾参加过九八抗洪。这次救援行动中，他多次申请执行急难险重任务。

当前，多支任务部队奋战在防汛抗洪救灾一线。实践再次证明，人民军队始终是党和人民完全可以信赖的英雄军队。

（人民日报记者金正波、李龙伊，

《人民日报》2024年7月23日第4版）

从"仰视世界"到"平视世界"
四名中国体育健儿和他们的时代际遇

　　体育，一个民族精神的写照，一个国家实力的缩影。共和国 75 周年华诞之际，想起习近平总书记提到过的 4 名体育健儿——刘长春、容国团、许海峰、郑钦文。他们的人生际遇，如同时代的缩影。

　　1932 年、1959 年、1984 年、2024 年，4 名体育健儿为中国在世界赛场上实现零的突破的时间刻度，前后跨越了近百年。

　　百年风云，变了人间。这是中国共产党走过光辉历程的百年，是中华民族迎来从站起来、富起来到强起来的百年，也是中国人从"仰视世界"到"平视世界"的百年。

　　刘长春，短跑运动员，起跑线上孤独的身影至今令人心痛。那也是一个令人心痛的时代啊！九原板荡、百载陆沉，整个中国彷徨无措不知去向何处。就在"九一八"事变的第二年，当

"舟行劳顿，缺少练习"的刘长春赶到洛杉矶第十届奥运会，入场式上只有他一名中国运动员。毫无悬念，预赛即遭淘汰。贫瘠的土地，怎能载动一个民族的梦想？日记中，刘长春不甘地写道："每项前三名将优胜国国旗悬挂高竿……余对之频添无限感喟。"

无限感喟！世界却也从中国运动员第一次参加奥运会的艰难跋涉，感知到一个闭关锁国后被坚船利炮打开国门的古老国度，重新走向世界的渴望。

斗转星移。时光来到了新中国。乒乓球运动员容国团，带着一封渴盼报效祖国的申请书，怀揣浓浓的赤子情从香港来到内地。1959 年，多特蒙德世界乒乓球锦标赛，他为中国赢得第一个世界冠军。这之后，第一个团体世界冠军队成员、带队夺得第一个女团世界冠军，中国体育的诸多第一，都与容国团的名字紧密相连。

那是一个激情澎湃的建设时期。人民，真正成为自己命运的主人。改天换地的豪情壮志，建起厂房、开垦农田，也在体育赛场上挥洒出"最新最美的图画"。容国团、陈镜开、郑凤荣、庄则栋……多少体育健儿的名字，见证着初生的新中国昂扬奋进。"发展体育运动，增强人民体质"，焕然一新的中国体育如年轻的共和国一样开始在世界舞台崭露头角。

历史浩荡。1978 年改革开放，开启了中国式现代化的新长征。变革、新生，一切都蓬勃着朝气。当时间进入 1984 年，洛杉矶第二十三届奥运会上，射击运动员许海峰一声枪响，为中国实现了奥运金牌零的突破，创造"中国体育史上伟大的一天"。这一次，中国派出 353 人的体育代表团，夺得了 15 枚金牌。

在世界的舞台上，奏响《义勇军进行曲》，这已经不仅仅是夺冠的意义，更是亿万人民沉淀了太久、期盼了太久的心愿，是我们在向世界证明自己。这一时期提起体育，难忘的还有中国女排在上世纪 80 年代创下史无前例的"五连冠"，"学习女排，振兴中华"也成为"为中华崛起而拼搏的时代最强音"。拥抱世界、追赶世界，快一点、再快一点，中国多么渴望将逝去的时光追回来，将落下的距离赶上去！

时间大踏步向前。

中国进入了新时代。走近世界舞台中央，"比以往任何时候都接近实现中华民族伟大复兴的目标"。欣欣向荣的体育，也成为复兴史册里一个篇章。2024 年夏天，中国的奥运健儿们，那些可爱的、阳光的青年们，在巴黎奥运会上留下了汗水、泪水、欢笑，留下了遗憾和不舍，还有无数感动和振奋……这一次，我们收获了"参加夏季奥运会境外参赛历史最好成绩"。其中，网球这个高度国际化的运动项目，郑钦文夺得了亚洲首枚奥运网球单打金牌，含金量十足。赛后，饱含家国情怀的感言，同样令人动容："为国比赛给予了我更多力量""国家荣誉永远超过个人"。

与国同行，不负韶华。4 个跨越近百年的历史场景的转换，勾勒出国运之变、与国同行的青春之变，仿佛一曲时代的命运交响曲。正如习近平总书记所说："我们每个人的梦想、体育强国梦都与中国梦紧密相连。没有强大祖国，何谈个人梦想？"

总书记也多次动情讲述百年前的"奥运三问"。

"中国人什么时候能够派运动员去参加奥运会？中国运动员什么时候能够得到一块奥运金牌？中国什么时候能够举办奥运会？"1908年的中国，"国势危急，岌岌不可终日，有志之士，多起救国之思"。这三个追问，历经百年终有了完整的答案：

从1932年刘长春"单刀赴会"洛杉矶的"一个人的奥运"，到今天，巴黎夏季奥运会我们派出了405名运动员；

从1984年许海峰为中国赢得第一枚奥运会金牌，到这一届的夏季奥运会，中国金牌总数超过300枚；

再看第三问的答案。2008年的夏季奥运会"无与伦比"，2022年的冬奥会，历史镌刻下新的一笔，北京也因此成为全球首个"双奥之城"。百年奥运梦，习近平总书记感叹："这是百年变局的一个缩影。"

筑梦、追梦、圆梦，一个梦想接连实现的中国。"人生能有几回搏""此时不搏，更待何时"，是体育的格言，又何尝不是中国奋斗的宣言？于"被开除球籍"边缘奋起、从"一穷二白"起步，"感天动地的奋斗史诗"写下遒劲的一笔。做中国人的志气、骨气、底气，由此不断增强。中国看金牌的目光更从容了，中国看世界的目光更自信了。"经过这些年的发展，中国的70后、

80后、90后、00后走出国门，已经可以平视这个世界了，这就是自信。"习近平总书记的这席话，在广袤大地上赢得深深共鸣。

国运兴则体育兴、国家强则体育强。体育之中有时代，有精神，有国力，亦有民生。

曾经，中国人被称为"东亚病夫"。面黄肌瘦、喘息孱弱的形象，是民不聊生的时代写照。

1917年，《新青年》杂志刊发《体育之研究》一文，作者"二十八画生"正是年轻的毛泽东。"文明其精神，野蛮其体魄"，喊出了积贫积弱年代中国青年的热望与梦想。

跨越百年，体育之于人民、之于国家，有了更恢弘的图景。"中国式现代化、全民健康是紧密联系的，全民健康就要有全民体育，全民体育才能出强的竞技运动。"习近平总书记深刻洞悉体育的内在逻辑，锚定的是全体中国人民的现代化。

今天，全民健身上升为国家战略，体育强国和健康中国休戚与共。前些年申办冬奥会，习近平总书记着眼的一个关键就是"带动3亿人参与冰雪运动"。国际社会也赞叹于中国冰雪运动的参与盛况，"中国在开幕前就收获了一块'金牌'"。总书记在2017年考察冬奥会筹办时还提到过中国的人均预期寿命，从1949年的35岁，到2017年的76.7岁。这个数字到了今天已达78.6岁，为历史最高水平。

一个日新月异的中国，奋进着、砥砺着，不断刷新历史。"中国发生沧海桑田的巨大变化，中华民族伟大复兴进入了不可逆转的历史进程。"习近平总书记在庆祝中华人民共和国成立 75 周年招待会上的讲话，击鼓催征。

体育强国路，照见中华民族复兴路。

（人民日报记者杜尚泽、李建广，

《人民日报》2024 年 10 月 4 日第 1 版）

中国探月工程——

走出一条高质量、高效益的月球探测之路

2024 年 6 月 25 日下午，内蒙古四子王旗阿木古郎草原，一顶红白相间的巨型降落伞缓缓落下，嫦娥六号返回器回到地面。至此，嫦娥六号完成了世界首次月球背面采样返回的壮举，实现了月球逆行轨道设计与控制、月背智能采样、月背起飞上升等三大技术突破，这也是我国迄今为止开展的最复杂的深空探测任务。

9 月 23 日，习近平总书记在接见探月工程嫦娥六号任务参研参试人员代表时指出，嫦娥六号完成了人类历史上首次月球背面采样，突破了多项关键技术，是我国建设航天强国、科技强国取得的又一标志性成果，是我国探月工程的重要里程碑。

从嫦娥一号到嫦娥六号，20 年来，凝结着无数航天人的智慧和心血，探月工程聚焦关键核心技术领域持续攻关，在科学

发现、技术创新、工程实践、成果转化、国际合作等方面取得丰硕成果，走出一条高质量、高效益的月球探测之路，为我国航天事业发展、为人类探索宇宙空间作出了重大贡献。

近日，记者走进探月工程参研参试团队，听他们讲述勇攀科技高峰的故事。

地月之间搭建"鹊桥"

"我们尽力把能想到的都想到，把能做到的都努力做到"

月球背面，有着从地球上观测不到的神秘，更有着"不在服务区"的烦恼。怎么办？必须建立相应的数据中继通信链路，让嫦娥六号与地球保持正常的通信。这一重任落在今年 3 月率先发射的鹊桥二号中继星上。

为服务嫦娥四号着陆月背，2018 年 5 月我国发射了嫦娥四号鹊桥中继星。作为人类首次登陆月背，嫦娥四号任务如何实现月背和地面通信，当时没有任何成熟的经验可供借鉴。勇闯探月"无人区"，科研人员创新性地提出研制和发射一颗中继卫星，运行在地月之间，为月背的着陆器和巡视器与地球搭建通信纽带。

不同的是，鹊桥中继星是为嫦娥四号任务量身定做的，这次鹊桥二号中继星则要为整个探月四期及后续国内外月球探测任务提供中继通信服务，任务时间跨度大、技术状态多、接口复杂。

"接到研制任务时，我们感到很有压力。"孙骥坦言。这位中国航天科技集团五院航天东方红卫星有限公司鹊桥二号中继星试验队队员告诉记者，"每个航天型号研制周期有其规律，要在短时间内攻克一系列关键核心技术，对研发工作是巨大挑战。"

中国航天科技集团从各单位调集精锐骨干，大家心往一处想，劲往一处使。"一定要按时、高质量研制出技术更先进、功能更强大、服务更有力的鹊桥二号中继星。"

团队 24 小时轮班在岗，开展了大量设计和仿真分析验证，"我们尽力把能想到的都想到，把能做到的都努力做到。"孙骥说。

鹊桥二号中继星发射升空，为嫦娥六号任务提供了高质量通信保障。"看到鹊桥二号中继星保障嫦娥六号任务圆满完成，那一刻，我感到所有的辛苦都值了。"孙骥说。

让嫦娥六号落得稳、落得准，除鹊桥二号中继星外，科研人员还实现了一系列技术突破。比如，嫦娥六号轨道设计就很具巧思。

去往月背，嫦娥六号不能沿着嫦娥五号开辟的轨道前往，而是要重新选择一条更优轨道。这是因为嫦娥六号着陆位置由月球的北纬地区变为了南纬地区。

中国航天科技集团五院轨道设计团队经过分析研究，决定为嫦娥六号探测器设计环月逆行轨道方案。简单来说，就是探测器在环月轨道上的飞行方向与月球自转方向相反。该方案通过调转飞行轨道的方向，化解了因采样区域位置变化带来的朝向变化问题，也避免了构型布局和硬件产品的大幅度调整。

呵护嫦娥六号顺利回家

"工作时间精确到分钟，那段时间，大家几乎是无眠无休"

6月2日至3日，嫦娥六号完成采样，将珍贵的月背样品完成"打包装箱"后，就将踏上返回之旅。月背起飞，是嫦娥六号面对的第一个挑战。

难在哪里？于洁告诉记者，与地面起飞相比，嫦娥六号上升器没有固定的发射塔架系统，而是将着陆器作为"临时塔架"，许多工作需要靠探测器自主完成。此外，与嫦娥五号月面起飞相比，嫦娥六号从月球背面起飞，无法直接得到地面测控支持，而需要在鹊桥二号中继星辅助下，借助自身携带的特殊敏感器实现自主定位、定姿，工程实施难度更大。

于洁是中国航天科技集团嫦娥六号探测器制导导航与控制系统团队成员，在月背起飞环节中，飞行器的智能自主起飞，靠的就是他们研制的系统。

"正样阶段我们完成了大量的软件开发测试、数学仿真、系统试验以及整器的力热试验和模拟飞行测试。"于洁说，"百炼成金"的测试保障了制导导航与控制系统正常运行。

不只是月面起飞，嫦娥六号整个飞行测控期间，制导导航与控制系统团队始终不敢松懈。

关键任务接踵而来，于洁和同事连日奋战。"工作时间精确到分钟，那段时间，大家几乎是无眠无休。"于洁回忆。

月背"珍宝"搭上"回家专车"，嫦娥六号上升器与轨道器返回器组合体完成月球轨道交会对接是必经环节，这是一场科技和美学的双重盛宴。中国航天科技集团研制人员乔德治是这次"太空牵手"的主要技术负责人之一。

"'太空牵手'不允许有一丁点儿偏差。"乔德治告诉记者，太空环境中，探测器上携带的太阳帆板轻微震动、探测器贮箱里推进剂分布的不确定性等，都可能影响交会对接的准确。为保障交会对接精度，中国航天科技集团五院 502 所专门成立了实验室，创造条件模拟真实对接过程。

任务期间，于洁和乔德治全程守候在北京航天飞行控制中心，时刻盯着探测器的一举一动。看到嫦娥六号着陆、起飞的每一步都很完美，与地面预演的情况一模一样，他们难掩激动："嫦娥六号的出色表现，就是对我们付出的回报。"

嫦娥六号回家，还需经历一次"太空打水漂"，即返回器先是高速进入大气层，再借助大气层提供的升力跃出大气层，然后再次进入大气层，返回地面。

中国航天科技集团嫦娥六号探测器制导导航与控制系统研制团队工程师杨鸣说，为实现这一目标，科研人员在制导导航与控制系统的研制过程中开展了大量模拟飞行试验。

有一次在地面模拟验证嫦娥六号"太空打水漂"再入大气层时，弹道特征参数出现严重偏差。为找到并解决问题，团队许多人长达数月住在实验室，一遍遍推演、论证，经常工作到凌晨三四点钟。

在模拟了上千万条飞行路线后，杨鸣和同事们攻克了一系列技术难点，确保"太空打水漂"过程的顺利和返回的高精度。

月背升起"玄武岩"版国旗

"必须通过周到细致的工作，确保万无一失"

按照计划，完成月球表面无人自主采集样品后，嫦娥六号着陆器携带的五星红旗将在月球背面展开。6月3日，北京航天飞行控制中心测控现场信息显示，国旗展开指令已正确执行。

此时，中国科学院国家空间科学中心高级工程师、嫦娥六号探测器有效载荷总体主任设计师李慧军紧盯着北京航天飞行控制中心屏幕，期待月球背面展开的五星红旗出现。不一会儿，一抹鲜艳的"中国红"在屏幕上展开。"那一刻，虽然急切但内心还是有把握的，我对月面国旗展示系统研制很有信心！"李慧军告诉记者。

作为嫦娥五号的备份，2017年嫦娥六号有效载荷相关产品已经生产出来。由于经过了长期贮存，月面国旗展示系统评估后需更换超期旗面。最可靠稳妥且工作量最小的方案是生产一套"织物版"月面国旗。

2022 年 8 月，武汉纺织大学团队提出一种想法——用玄武岩纤维制造月面国旗。玄武岩纤维旗面平整、视觉效果好，耐高温、耐低温、耐辐射，还能牵引后续月球资源原位利用。考虑到这些优点，有效载荷总体决定尝试新方案，并得到探月工程总体、探测器总体等的支持。

"当时距离交付正样产品只有 1 年左右时间，而按照航天系统工程要求，一个新研制产品具备高可靠交付状态通常需要 2 到 3 年。"李慧军说。

研制团队也有些担心：改用玄武岩纤维新旗面，如果出现在轨无法展开或者展示效果不佳怎么办？"必须通过周到细致的工作，确保万无一失。"

为让"玄武岩"版国旗精彩展示，科研人员迅速行动起来，梳理困难，一一解决。探测器总体对探测器系统做了最小化改动，有效解决了嫦娥六号落点光照条件对国旗展示效果产生影响的问题；有效载荷总体会同中国航天科工集团四院九部、武汉纺织大学研制团队高效完成了玄武岩旗面的设计、制造，以及适应性鉴定试验、成像效果专项试验等工作。

"不同专业研制团队密切协同，通过精心策划的试验验证，我们拿出了翔实的数据，打消了各方顾虑。"李慧军说。

20 年来，我国探月工程每一次突破、每一步跨越，都是无数科技工作者协同攻关的结果。

创造月壤研究的"中国速度"
"我们对嫦娥六号样品研究充满期待，也满怀信心"

6月25日，嫦娥六号返回器顺利携带回1953.3克月壤样品。这是人类首次获得月球背面样品，举世瞩目，将会为月球正反面的差异性的原因以及月球的形成历史提供更新的认识。

8月21日，国家航天局遴选了嫦娥五号样品研究中13家优势单位16个研究团队，组织了第一次样品研究方案及申请评审。中国科学院地质与地球物理研究所（以下简称"地质地球所"）凭借对嫦娥五号样品研究的突出表现，位列其中。

2020年12月17日，嫦娥五号从月球带回1731克月壤样品。地质地球所申领到了3克月壤，装在两个小瓶子里，一瓶装了1克，另外一瓶装了2克。

中国科学院院士、地质地球所研究员李献华至今难忘见到月壤样品的那一刻。"月壤太细了！月壤的平均粒度只有50微米。"

李献华说："我们拿着样品都不敢轻易打开，因为很多很细的颗粒不只会粘在玻璃上，也可能会'飘出'瓶外。"

初见月壤的兴奋还没褪去，压力就接踵而至。

"当时，全世界都在等着嫦娥五号样品的研究结果，希望知道嫦娥五号月壤能给人类带来什么样的月球新故事。同时，我们也面临很大质疑：一些人觉得美国阿波罗登月采回来的月壤样品有 380 多千克，而我们只采到了 1.7 千克样品，很快出新成果可能吗？"研究团队成员之一、地质地球所研究员贺怀宇坦言，"别人的样品比我们多那么多，要想'出新'确实不容易。"

怎么办？只有争分夺秒抓紧干！

拿到嫦娥五号月壤样品的第一时间，地质地球所就召开了项目启动会。在会上，所长吴福元向研究团队提出明确要求："一个星期内完成定年、岩石地球化学、水含量和锶、钕、氢等同位素分析，然后再用一个星期时间写成论文投稿。"

计划并不是盲目制定的。在此之前，研究团队的每个成员都做了充分的准备，有着深厚的知识和技术积累。

"拿到嫦娥五号月壤样品前不久，我们还用所里保存多年的'阿波罗月尘'样品做过研究和分析，相当于提前进行了一次演练。因此，大家心里比较有底，技术流程全部都经过了验证。"团队成员之一、地质地球所研究员杨蔚说。

为了能按时完成任务，地质地球所提前把所里相关的仪器设备调试到了最佳状态。在月壤研究过程中，所里其他课题组研究人员都得为月壤样品研究"让路"。

在大家夜以继日的努力下，很快如期取得了第一个重磅成果，创造了月壤研究的"中国速度"。研究团队仅用 0.15 克月壤，7 天完成分析，16 天完成论文，100 天在《自然》上同时发表 3

篇论文，将科学界已知的月球岩浆活动结束时间推后了 10 亿年。

贺怀宇说："能这么快取得成果，还得益于我们国家科研人员在嫦娥五号任务前对其着陆区域的选择和判断，成功采集到了最年轻的月球玄武岩样本。因为是全新的、从未被研究过的样本，也让我们能迅速获得很多新的认识。"

3 年多来，国家航天局已向国内 131 个研究团队发放 7 批次共 85.48 克嫦娥五号月壤样品，第一批国际申请已完成专家评审。目前已产出 100 多篇科技论文，一次又一次刷新了人类对月球的认知。

"有了嫦娥五号月壤研究的积累，我们对嫦娥六号样品研究充满期待，也满怀信心。"贺怀宇说。

国际合作也是嫦娥六号任务的一大特色。本次任务搭载了 4 个国际载荷，巴基斯坦立方星是其中之一。

这是巴基斯坦的首次月球探索。作为该载荷中方责任单位，上海交通大学参与合作研制，该校航空航天学院教授吴树范是中方团队负责人。

"别看这颗卫星小，它身上的技术创新可不少。"吴树范说。比如，在轨故障诊断算法使卫星能自动检测并诊断系统可能的故障，引入动态智能化任务调度策略，采用特种镁合金和蜂窝碳纤维等先进材料，等等。

按任务书要求，这颗卫星考核寿命为 5 小时，实际上它在轨工作了 55 天，持续不断发回画面和监测数据，为巴基斯坦月球研究提供宝贵的一手信息。"成果远远超出了预期。"吴树范说。

嫦娥七号任务遴选了 6 台国际载荷；嫦娥八号任务向国际社会提供 200 千克的搭载质量，共收到 30 余份合作申请……"嫦娥"既是中国的、又属于全人类，为国际科技合作提供广阔舞台，为全球深空探索贡献中国智慧和中国力量，中国探月工程步履不停。

（人民日报记者喻思南、刘诗瑶、吴月辉，
《人民日报》2024 年 10 月 28 日第 19 版）

几代科研工作者接续攻关，推动我国在第四代
核电技术研发和应用领域达到国际领先水平
高温气冷堆，从蓝图变为现实

2023 年 12 月 6 日，位于山东省威海市荣成石岛湾的高温气冷堆核电站示范工程投入商业运行。

这是全球首座投入商业运行的第四代核电站，也是国家科技重大专项标志性成果。从 2012 年 12 月开工建设，到 2023 年 12 月商运投产，高温气冷堆用 11 年的时间从蓝图变为现实。如果把时间的尺度再拉长，我国从上世纪 80 年代就开展了以固有安全为主要特征的先进核能技术研发。在无样板可依、无经验可循的情况下，几代科研工作者接续攻关，推动我国在第四代核电技术研发和应用领域达到国际领先水平。

建成 10 兆瓦球床模块式高温气冷实验堆，正式开启科技成果转化之路

2003 年 1 月 29 日，我国自主研发建造的 10 兆瓦球床模块式高温气冷实验堆成功实现 72 小时连续满功率运行。

这是一项令人振奋的重大科技成果。上世纪 80 年代起，在中国科学院院士王大中带领下，清华大学开始先进核能技术研发。在国家"863 计划"支持下，团队突破了球形燃料元件、球床流动特性等多项关键技术，于 2000 年建成 10 兆瓦高温气冷实验堆。

高温气冷实验堆是"863 计划"中投入较大的实验工程项目，也是完成最好的项目之一。"一是要选准方向、锲而不舍，'十年磨一剑'；二是要解放思想、实事求是，集中力量攻克关键技术；三是要集体攻关、大力协同，发扬团队精神。"王大中在总结项目经验时说，"我们下一步的任务是逐步实现这个成果的产业化，争取建造'示范堆'，为我国能源发展作出贡献。"

高温气冷堆安全可靠性高、废物产生量小，具备经济性和多用途功能，因此也被视为极具潜力的新一代核电技术。本世纪初，一些国家在该领域积极布局并取得进展。

"当时，各国专家从 100 多种反应堆概念中，筛选出 6 种最具前景的第四代核电技术，高温气冷堆就是其中之一。"清华大

学核能与新能源技术研究院（以下简称清华核研院）副院长董玉杰介绍，"当时按模块式概念建造的实验堆，中国有一座，日本也有一座，还有多个国家计划建设示范堆，大家都想在这一领域占得先机。"

在 10 兆瓦高温气冷实验堆满功率运行的同一年，中国核工业集团有限公司与清华大学共同组建了中核能源科技有限公司（以下简称中核能源），高温气冷堆团队也正式开启了科技成果转化之路。

清华核研院副总工程师、1998 年就参加了 10 兆瓦高温气冷实验堆建设工作的李富说："实验堆建成后，我们的工作重心马上转向商业示范堆设计，并很快拿出了基本设计方案。"

2006 年，高温气冷堆被列入国家科技重大专项。2008 年，高温气冷堆总体实施方案获国务院批准。董玉杰回忆："重大专项定下了非常明确的目标，就是要以实验堆为基础，攻克工业放大和工程实验验证技术，最终建成商业规模的高温气冷堆示范电站。"

对于实验堆来说，能够短期运行并验证技术可行性即可，但是商业规模的高温气冷堆示范电站必须实现长期稳定可靠运行，同时要考虑维护检修、在役检查、经济性等因素。重大专项设置了 89 个科研课题。在清华核研院院长、高温气冷堆重大专项总设计师张作义带领下，一场漫长的技术攻坚战就此展开。

高温气冷堆核岛 1.5 万多台套设备中有 2200 台套为首台套，世界首创型设备超过 660 台，设备国产化率达到 93.4%

项目开展之初，摆在团队面前的首先是技术路线问题。高温气冷堆团队谨慎地在创新与技术可行性之间作出平衡。"比如，为什么不直接用氦气来更高效地推动汽轮发电机发电？从热力学循环上来说是理想的，但我们觉得一定要考虑工业上的可行性。"李富说。

董玉杰回忆："通过反复比较取舍，我们最终采取了单区圆柱状堆芯的两模块方案，原来的方案虽可实现更大的单堆功率，但研发周期长、不确定性高。现在回过头来看，该技术方案的选择非常关键，它可以通过标准化模块来建设更大的商业电站。"

"核能系统研发很复杂，需要有系统工程的思维。"董玉杰举例，比如，在提出初步总体方案后，还要分成各个分系统，逐步落实每个系统和设备的工程可实施性。遇到大的矛盾，还要回过头来重新迭代循环。直到各个分系统的方案、设备、关键技术都得到落实，才能最终确定总体方案。

李富介绍："虽然我们有实验堆作基础，但是设备一放大，所有的设计、验证和运行特性研究，基本上要重新来过。"

绘制各个系统、设备的图纸，按照设备图纸生产样机；逐项技术验证，"背对背"计算分析；"一比一"工程实验，模拟反应堆实际运行的环境……"如果发现设备上的任何缺陷和不足，我们就要进行修改、完善设计，直到满足要求。"董玉杰说。

"高温气冷堆从技术、产品、设备制造、材料上都是创新的，我们的研发与生产基本上同步开展。"中核能源副总经理、总工程师石琦举例，蒸汽发生器被称为"核电之肺"，是高温气冷堆最关键的设备之一。蒸汽发生器换热单元采用五层螺旋盘管，每根管子展开长度是 60 米，整个螺旋盘管高 10 米。这样复杂的换热单元，1 台蒸汽发生器里就有 19 个。

为此，清华核研院、中核能源等 10 多家单位参与，经过两年多攻关，最终建成了国际首个核级螺旋盘管和换热单元生产线。

"作为全球首创的设计，我们没有可参考的制造和装配工艺。"石琦说，在高温气冷堆攻关过程中，国内多家高校院所、国有企业、民营企业共同参与，研发、生产、参数调优、工艺迭代几乎同步进行。

项目团队还完成了模块式高温气冷堆反应堆压力容器、控制棒和吸收球系统、燃料装卸系统等多个首台套设备研制。高温气冷堆核岛 1.5 万多台套设备中有 2200 台套为首台套，世界首创型设备超过 660 台，设备国产化率达到 93.4%。

着力构建产学研深度融合的创新网络生态体系，
形成攻关合力

解决高温气冷堆技术难题，需要各行业、全产业链共同参与，着力构建产学研深度融合的创新网络生态体系，形成攻关合力。"在这个组织体系里，大家不是简单的'合同—制造'关系，而是组成一个个创新联合体，紧密耦合、协同攻关。"石琦说。

高温气冷堆攻关过程中，中核集团和清华大学是最早开展产学研协作的两家单位，中核能源就是在这样的背景下成立的。

攻关过程中，清华核研院聚焦原始创新、关键设备设计，中核能源负责工程设计、工程总包。双方共同成立了联合设计机构，还针对多个关键技术及设备成立了设计采购一体化攻关组。

"我们这支大团队里，既有科研人员，也有工程技术人员，科研思维与工程思维经常'碰撞'。过去我们也尝试过'各自为战'，在单位层面开展合作，但是发现根本无法把'界面'划分清楚，索性成立联合研发机构，一体化决策、一体化管理。出现'碰撞'时，理论、工程各自向前'走'一步，将这些'碰撞'消化在团队内部。"石琦说。

双方还联合举办核工程硕士班，将工程技术人员所承担的工程任务转化为核工程硕士班的毕业设计课题，将理论知识与工程实践密切结合起来。工程做下来，学业也完成了。这个硕士班培养了上百名工程技术人员，很多人已成长为高温气冷堆领域的中坚力量。

产学研融合体现在高温气冷堆攻关全过程、各方面，小到一张图纸、一个轴承，大到完整系统设计、关键主设备制造……协同攻关成功推动一批关键设备出校园、下产线、进市场，从图纸、样品变成了产品。

"高温气冷堆产业化需要攻关很多设备，很多情况和以前不一样，我们必须敢于创新，用新材料、新设备、新工艺来解决问题。"李富说，"这支大团队的一个特点就是较真。谁技术上说得对，我们就听谁的。"

这支团队中，很多人把大部分职业生涯献给了高温气冷堆事业。"项目做了 20 年，我们始终满怀信心。一辈子做成一件事，我们感到很幸福。"李富说。

（人民日报记者谷业凯，《人民日报》2024 年 11 月 4 日第 19 版）

中国散裂中子源提供强有力研究手段
"超级显微镜"，深度探索微观世界

广东东莞，松山湖科学城，紧邻高速公路，一片造型独特的建筑群依山而建。山坡上，"中国散裂中子源"几个大字赫然矗立。

中国散裂中子源是中国第一台、世界第四台脉冲型散裂中子源，被称为"超级显微镜"，是当今人类深度探索微观世界的有力工具。

建成运行6年多来，中国散裂中子源已向全球科学家完成12轮开放，每年向用户开放时间超过5000小时。目前，注册用户超过7000人，已完成1700多项课题，成为材料科学技术、生命科学、资源环境、新能源等方面的基础研究和高新技术开发强有力的研究手段。

自2000年提出项目建议，到2018年通过国家验收正式投入运行，到如今二期项目加快推进，20 余年里，为了建设这一国家大科学工程，中国科学院高能物理研究所老中青三代科研人员攻坚突破了一系列科技难题，用智慧和汗水，使得整体设备国产化率达到 90% 以上，并实现稳定高效运行。

自主创新，打造"中国方案"

中国科学院高能物理研究所副所长、中国散裂中子源二期工程总指挥王生与中国散裂中子源有着不解之缘。在过去 20 余年里，从预研到建设，他深度参与其中，见证了这个"国之重器"从无到有并走向成熟的过程。

"建设大科学工程，既要有深厚的理论基础，也需要有非常严谨的科学精神和一丝不苟的工匠精神，我始终怀着敬畏之心。"王生说。

在中国散裂中子源建设之前，世界上已建成 3 台脉冲型散裂中子源，分别是英国散裂中子源、美国散裂中子源和日本散裂中子源。

王生说："每台散裂中子源采用的技术路线都有很大差别，指标也不一样。国内同类设备是第一次研制，我们几乎是从零起步。"

走别人没走过的路，自然会遇到不少难关，设计中国散裂中子源的高能强流质子加速器便是其中之一。

中国散裂中子源是利用 1.6GeV（十六亿电子伏特）的高能质子束流轰击重金属靶而产生高通量中子，中子经过慢化可用来研究物质微观结构和运动。因此，散裂中子源的加速器属于高能强流质子加速器，其设计需满足特殊要求：打靶的功率要高，同时要求束流损失控制在很低的水平。

"高能强流质子加速器，涉及众多领域的前沿科技，从加速器物理设计到大量关键技术研发，在国内都是第一次。"王生说，"整个过程复杂且精密度高，仅加速器就由近万台套设备组合而成，参与设计和研制的专业团队超过 150 人，涉及 10 多个不同专业。"

最终，通过大量方案设计优化比较，王生团队确定了中国散裂中子源采用较低能量的直线加速器和快循环质子同步加速器的设计方案，造价低且易于升级，以很小的代价保留了束流功率提升 5 倍的能力，为保证中国散裂中子源长期保持世界先进水平打下了坚实基础。

设计方案选定，装置建设过程中，挑战接二连三。

快循环质子同步加速器的 25 赫兹交流谐振磁铁是关键设备，在我国也是首次研制。

"当时，铁芯和线圈的振动开裂、涡流发热等都是全新问题，技术挑战难度超乎想象。6 年时间里，科研人员与工厂技术人员联合攻关，多次优化方案、改进关键材料配方，逐一攻破技术难关，终于靠自己的力量研制出国内首台谐振状态工作磁铁。"

中国科学院高能物理研究所东莞研究部加速器技术部副主任李晓回忆说。

针对磁铁的磁场饱和，团队还创新性地提出了谐振电源的谐波补偿新方法，解决了多台磁铁之间的磁场精确同步问题，精度优于国外散裂中子源，达到世界先进水平。

逢山开路、遇水架桥。通过自主创新和集成创新，散裂中子源建设团队先后攻克了25赫兹交流谐振磁铁和电源、中子探测器等多项关键技术，设备国产化率超过90%。

"国产化的过程降低了装置成本，同时提升了国内相关产业的技术水平和制造能力。"王生说。

精益求精，追求"中国质量"

散裂中子源装置极为庞大，部件繁多，工艺极其复杂，制造和安装难度极大。

中国散裂中子源园区地下18米深处，有一条总长600多米的隧道。一台80兆电子伏特的负氢离子直线加速器和一台16亿电子伏特快循环质子同步加速器就安放在这里。

这些设备对安装误差的要求极其严苛。王生至今仍对直线加速器漂移管的安装过程印象深刻。

直线加速器4个真空腔体共有156个漂移管，安装误差不能超过30微米，安装过程需要调节几十个参量。刚开始，工程团队 24 小时两班倒。经过半个月，好不容易装到第六个部件并已完成标准检测，工程人员突然发现，由于部件的内部结构过于复杂，在标准的检测时间内，轻微的漏点不易被检测出，需要对标准检测时间进行延长。所以，团队还是决定把已安装好的部件全部拆除，重新进行安装和检测。

王生说："哪怕看似微小的问题，都可能导致严重后果，所以工程建设过程中要严把质量关，不能放过任何一个潜在的问题。"

为了满足更多、更高的用户需求，2024 年 1 月，中国散裂中子源二期工程正式启动建设。二期工程建成后，装置的研究能力将大幅提升，能够为探索科学前沿、解决国家重大需求和产业发展关键问题提供更加坚实的支撑。

二期工程中，加速器打靶束（流）将从一期设计功率 100千瓦提升到 500 千瓦。

中国科学院高能物理研究所东莞研究部加速器技术部副主任刘华昌说："功率提升 5 倍，完全靠束（流）的流强提升，需要采用超导腔，将直线加速器的能量大幅提升。这对速调管的性能和指标提出了更高的要求。"

大功率速调管零部件数以百计，涉及多个学科领域，从研制到安装，每一个环节都必须精确无误。高通过率电子束流光路要求传输效率达到 100%，所有零部件的安装精度要控制在 20微米之内。

迎难而上，中国科学院高能物理研究所研究团队在前期环形正负电子对撞机高效率速调管预研工作基础上，同上下游企业通力合作、攻坚克难，最终成功研制出首台全国产化 P 波段大功率速调管。

"经过连续 24 小时无故障运行，国产 P 波段大功率速调管全部性能指标均达到或超过设计要求，顺利通过验收。"刘华昌说。

勇于突破，跑出"中国速度"

2017 年 7 月 7 日，中国散裂中子源的快循环质子同步加速器成功将质子束流加速到设计能量 1.6GeV，并成功引出。这是工程建设中的又一个里程碑。

王生说："按照国外以往的经验，一般要半个月到一个月才能实现全能量的加速。但是，我们调速当天就实现了全能量加速，并在 48 小时不间断调束之后，将束流损失控制到允许的范围内。这表明，我们整台加速器设计合理，硬件设备质量优良，达到设计要求。"

回忆当时情景，王生仍难掩兴奋，"当看到设计中的束流曲线，在实际束流调试过程中逐步完美呈现出来时，那一刻心情特别激动。"

把质子束流成功加速到设计能量，为接下来的打靶等一系列环节奠定了坚实的基础。2017年8月，中国散裂中子源首次打靶成功，获得漂亮的中子束流能谱曲线。2018年8月23日，中国散裂中子源工程圆满通过了国家验收，投入正式运行。

工程达到验收指标，只是万里长征走完了第一步。"要达到工程设计指标，还要在验收指标10千瓦的基础上，把束流功率提高10倍，达到100千瓦。"王生说，"我们要做的工作还很多。"

此后，王生率领团队在工程开放运行的间隙，进行了大量的束流调试和研究工作。在保证正常开放运行的情况下，团队科学安排束流调试，分阶段提高束流功率。

2020年2月，团队成员开始了加速器束流提升攻坚战。这一个月里，调束人员共分为两班，24小时工作不停歇。

2020年2月28日，中国散裂中子源打靶束流功率达到100千瓦的设计指标，并开始100千瓦稳定供束运行。这比原计划整整提前一年半，团队十几年的付出，终于迎来回报。

"相比于国际上其它散裂中子源至少需要五六年达到设计指标的调束时间，我们跑出了中国速度。"王生兴奋地说。

作为散裂中子源科学中心谱仪研发与应用一组的负责人，中国科学院高能物理研究所东莞研究部中子科学部副主任殷雯是最早参加中国散裂中子源工程的骨干之一。

2013年，随着中国散裂中子源在东莞建设持续推进，殷雯开始长期在松山湖科学城工作，主导设计并建造了其中的靶站屏蔽体系统。

让她引以为豪的是靶站屏蔽体系统中核心部分——中子束线开关的自主研制。

"团队经过多次试验、反复论证优化，仅用 18 个月的时间，就攻克了所有关键技术，成功完成中子束线开关系统样机的研制，为工程正式开工及后续批量生产提供了关键的技术保障。"

年轻力量，彰显"中国精神"

中国散裂中子源项目建设之初，大批刚刚走出校园的年轻人加入团队。随着工程建设的推进，这些年轻人也在实践中不断成长。

以散裂中子源加速器团队为例，团队成员共 120 余人，平均年龄只有 35 岁左右，是国内最年轻的加速器团队。

在王生看来，这是一支专业优秀、朝气蓬勃，特别有奉献精神的团队。

"我们平时加班到晚上十一二点是常态。装置是 24 小时开放运行，为保障用户机时，出现故障时，团队成员要随叫随到，凌晨两三点赶到现场解决突发的故障也是常有的事。"王生说。

随着中国散裂中子源二期工程启动，青年团队挑起了更重的担子，在关键技术预研方面取得众多关键进展。

高功率高梯度磁合金加载腔是中国散裂中子源二期工程中必须突破的关键技术。

李晓带领团队经过近 10 年预研，从基础材料和基本工艺着手，在国产高功率高梯度磁合金加载腔的研制上取得重大成果，其中磁环最关键的技术指标，比目前国际上公开报道的最高性能指标提高约 30%。

"作为年轻科技工作者，要发挥自己的主观能动性，要敢于挑战世界最先进的技术，同时要把自己的视野打开，更多地参与到国际最前沿的竞争中。"李晓说。

殷雯说："团队有朝气、有魄力，更有向前突破的精神。对于我来说，能赶上这个时代，并且在这个团队里工作是非常幸运的事，因为在这个平台上，我们可以发挥特长，不断学习和提高。"

如今，这支年轻的团队还在不断取得一个又一个新的突破。

"我们将持续推进二期工程建设，为粤港澳大湾区科技发展和产业升级提供重要支撑，为加快实现高水平科技自立自强贡献力量。"王生说。

（人民日报记者吴月辉，《人民日报》2024 年 11 月 11 日第 19 版）

攻克多项技术难题，创造多项世界纪录
深中通道，创新造就超级工程

遥望珠江口，曾被伶仃洋隔开的两岸城市群，因一座超级工程而紧密衔接——全球首个集"桥、岛、隧、水下互通"于一体的跨海集群工程，这就是深中通道。

七年磨一剑，天堑变通途。自开通以来，深中通道车流量始终保持高位运行，总量已突破 1000 万车次，成为粤港澳大湾区融合发展的重要纽带。超级工程何以造就，又凝结着怎样的中国智慧？

方案创新——
创造"当年动工、当年成岛"的中国速度

驱车穿行于深中通道，桥隧转换处，建筑林立、绿植茂密。

偌大的海上人工岛，如今已是伶仃洋上的打卡新地标。

从高空俯瞰，岛屿状如鲲鹏：岛体长 625 米，最宽处达 456 米，岛体面积约 13.7 万平方米，相当于 19 个标准足球场。如此庞大的造岛工程，创下了"当年动工、当年成岛"的奇迹。

中国速度，何以实现？

方案创新是第一步。由于西人工岛施工海域水深泥厚，传统的围堤吹填工艺无法满足工期要求。充分借鉴港珠澳大桥建设经验，工程团队创造性提出大型深插式钢圆筒围岛方案，将 57 个钢圆筒振沉入海，形成止水围护结构，从而快速成岛。

"蓝图"绘就，实施起来却挑战重重。"我们要把直径 28 米、高 40 米、重 600 多吨的 57 个钢圆筒，用自主研发的 12 锤联动锤组，稳稳'敲'进 20 多米深的海底。"中交一航局深中通道项目部副总经理刘昊槟说，在海底地形勘探后发现，珠江口水下软土层厚达几十米，其间还遍布硬质夹层，振沉精度极难掌握。

基础不牢，地动山摇。针对这一工况，团队先研发出钢圆筒基础预处理技术，"搅拌机"一样的专用船舶深入砂层，注入泥浆、将其软化，让钢圆筒的沉放如同插入平整的"豆腐"。他们还探索出新型测量定位系统，为钢圆筒振沉装上"眼睛"，实现了振沉正位率 100%。

2017 年 5 月 1 日，西人工岛首个钢圆筒振沉成功；同年 9 月 18 日，最后一个钢圆筒振沉完成。新技术"复刻"57 次后，仅仅 4 个多月，伶仃洋上就"冒出"一座巨大的人工岛，深中通道落下全线"第一子"。

工程创新——
把"问号"变成"感叹号"

驶离西人工岛，穿过宽阔的洞口一路向东，便随深中隧道一起"潜入"数十米深的海底，双向八车道笔直平坦、亮如白昼。很难想象，这是一段由几十个约 8 万吨重的钢壳混凝土沉管首尾相接而成的浩大工程。

巨大沉管怎么造，是亟待解决的问题。2019 年 6 月，珠海桂山岛上，经过 10 个月的全面升级改造，曾承接港珠澳大桥隧道沉管建造的中交四航局沉管预制工厂再度启用。智慧工厂内，智能浇筑系统、钢壳管节移动系统协同配合，不仅顺利完成了 23 节沉管的快速预制和移运，还收获了 11 项发明专利。

将造好的沉管浮运到位，是整个项目的重中之重。"与港珠澳大桥相比，深中通道沉管隧道结构新、尺寸宽、运距长，已有装备无法满足施工要求，必须制造出一艘功能更强大的沉管施工专用船。"中交一航局深中通道项目部常务副总工程师宁进进说。

面对 50 公里的超长距离浮运难题，半年对比分析、多场"头脑风暴"，让安装船自带动力的设想浮出水面。历经 3 年方案细化、建造、调试，2019 年 6 月，世界首艘浮运安装一体船"一航津安 1"出坞。这是一艘自重达 2 万吨的超大型船舶，不仅拥有自航能力、浮运效率提升 3 倍以上，还配备了沉管沉放姿态控制系统，能实现水下 50 米的沉管精准沉放。

"第一次看到这个庞然大物时，我们心里都在打鼓：到底行不行？"宁进进记忆犹新。

是骡子是马，拉出来遛遛。于是，一年的演练开始了。茫茫外海上，10 级大风扛过去了，超过两米的浪试过了，10 个月 5 次的空载演练熬过去了，建设者心里的"问号"终于被慢慢"拉直"。

"月考""模拟考"都合格后，2020 年 6 月，正式"大考"终于到来——将首节沉管安放至大海深处的预定位置。

伶仃洋上，8 万吨重的一节沉管，从牛头岛槽坞中拖出，与 2 万吨重的一体船合二为一。经过 7 次航道转换，克服浅水区航道搁浅、回淤强度大等挑战，最终抵达安装点位。

"为了提高管节在水下 40 米的对接精度，我们首次将北斗系统引入沉管对接，实现水下沉管安装无人化。"宁进进说，在港珠澳大桥建设期间，海底隧道沉管浮运 12 公里需花费 12 小时，而深中通道由于有了"一航津安 1"的加持，50 公里的沉管浮运距离仅用时 10 小时左右。

从首节沉管"首秀"，到 2023 年 6 月最后一节沉管安装成功，3 年间，宁进进带领团队不断优化操作方法和施工步骤，对接精度从厘米级缩小到毫米级，把一节节沉管在海底指定位置安稳沉放。"这是我们梦寐以求的 100 分，到此所有的'问号'都变成了大大的'感叹号'！"

装备创新——
"划"出伶仃洋上"天际线"

在西人工岛驻足西望，深中大桥已成为伶仃洋上一道亮丽的"天际线"。

"划"出这条线并不容易。"深中大桥包含两座高 270 米的主塔，为保证通航能力，通航净高达 76.5 米，为世界最高。"中交二航局深中通道项目常务副总工程师曾炜说，在台风频发的复杂海洋环境中安全高效地建设主塔，挑战不小。

经过多次考察、研讨，研发人员于 2018 年 10 月设计了一体化智能筑塔机的建设方案。

"研发一种集钢筋部品加工与安装、混凝土布料、养护与监控于一体的可移动设备，相当于在高空建一座'竖向移动工厂'。"曾炜解释道。

从研发、加工制造到拼装成型，历时近一年半，我国首台一体化智能筑塔机顺利落成投用。"有了这台筑塔'神器'，深中大桥塔柱施工速度从每天 0.6 米提升至 1.2 米，所需高空操作人员从 15 名减少至 6 名。"曾炜说，更重要的是，其智能养护系统还能使混凝土达到工厂内标准化养护条件，实现外表无收缩裂纹。

采用超长索股无人跟随架设技术，确保主缆架设"稳准快"；研发钢筋网片柔性制作生产线，提升塔柱建造速度……一项项新技术、新工艺，助力深中大桥稳稳矗立于广阔海面。

如今，深中通道已通车数月，深中大桥如卧波长虹，擎起伶仃洋制高点。"我们共同造就了超级工程，超级工程也让我们拥有了人生的高光时刻。"17年建桥生涯，这是曾炜参与建造的第八座大桥，"奋斗无止境，深中大桥对我来说，不是结束，而是新的开始！"

"回望深中通道的创新历程，每一步都是在怀疑中证明、在探索中前进。"宁进进感慨，深中通道培养的创新团队、研发的先进装备、积累的建设经验，将助力中国建造阔步迈向高质量发展。

(人民记者韩鑫，《人民日报》2024年11月18日第19版)

海洋科技创新不断取得突破

海底一万米有什么？

前不久，我国自主设计建造的首艘大洋钻探船"梦想"号在广东广州正式入列。这标志着我国在深海进入、深海探测、深海开发上迈出了重要一步，是建设海洋强国、科技强国取得的又一重大成果。

逐梦深蓝，科技助力。我国海洋科技创新不断取得新突破，持续推进深海事业迈上新台阶。

深度不断拓展

从下潜 600 米到挺进万米深渊，一系列关键技术大显身手

"深海里有许多发光的浮游生物，它们仿佛是夜空中的流星，

出现的时间虽然短暂，却五彩斑斓，令人叹为观止。"提起这段经历，蔡嘉慧难掩兴奋。

蔡嘉慧是新加坡国立大学的一名海洋科学家，从事多金属结核矿区大型底栖生物的生态研究。今年8月，她参加了我国自然资源部组织的2024年西太平洋国际航次科考任务，跟随"蛟龙"号载人潜水器潜入海底。

执行科考任务时，"蛟龙"号在海底随走随停，蔡嘉慧和中方潜航员默契配合，记录透过舷窗观察到的海底生物，并提出采样目标建议。"海底海山的生物多样性非常丰富，这次终于能在水下亲眼观察深海海绵群和珊瑚林，受到的震撼远超阅读文献或者观看纪录片。"蔡嘉慧说。

在2024年西太平洋国际航次科考中，我国首次面向全球开放"蛟龙"号载人潜水器，中外科学家一同下潜采样。作为我国自主设计、自主集成的首台7000米级大深度载人潜水器，"蛟龙"号自2009年首次下潜以来，已完成317次下潜，累计搭载900余人次下潜，为我国乃至全球深海探测提供了有力支撑。

2020年11月10日，由我国自主研制的全海深载人潜水器"奋斗者"号，完成万米级海试，首次探底马里亚纳海沟"挑战者深渊"，使我国成为世界上第二个实现万米载人深潜的国家。截至目前，"奋斗者"号累计下潜329次，其中万米下潜25次，万米深潜次数和人数均居世界首位，标志着我国在全海深载人深潜领域达到世界领先水平。

深海深渊，一度被认为是海洋科考的"禁区"。但越是漆黑、高压、低温和地质运动活跃的"深海荒漠"研究，越能成为海洋研究的前沿领域。曾任"蛟龙"号载人潜水器主任设计师、"奋斗者"号载人潜水器总设计师的叶聪感慨："载人深潜让人更加体会到技术自主可控、自立自强的重要。中国人要把深海关键技术牢牢掌握在自己手中。"

潜入万米海底，要攻克的首道难关就是巨大的水压。

马里亚纳海沟 1 万米深处，水压接近 1100 个大气压，相当于 2000 头非洲象踩在一个人的背上。"奋斗者"号如何做到不惧高压极端环境，在万米海底自由行走？其关键就在于载人舱。

以往使用的材料都已不能达标，需要研制一种高强度、高韧性、可焊接的钛合金材料。中国科学院金属研究所研究员、全海深载人潜水器载人舱项目负责人杨锐说："国际上没有制造先例，唯一的办法就是我们自己造。"

于是，中国科学院金属研究所团队经过调研论证、研究实验，攻克了载人舱材料、成型、焊接等一系列技术难关。"我们独创的新型钛合金材料成功满足了载人舱材料所需的强度、韧性和可焊性等要求。"杨锐说。

突破光纤缆控技术，采取抗低温设计、研制固体浮力材料……从下潜 600 米到挺进万米深渊，涉及材料科学、高精度制造、导航定位和数据传输等领域，我国科研人员取得的一系列技术突破，不仅推动我国深海探测能力迈上新台阶，也为深海科学研究、资源开发和国际合作奠定了坚实基础。

精度持续提升

分辨率、位置精度令人惊叹，深海探测日益精密化、智能化

科学基础设施建设是助推深海大洋探测的重中之重，考察站是开展极地科考的基础支撑平台。以我国今年新建成的南极秦岭站为例，其研制建造的精细程度令人惊叹。

"秦岭站建设采用装配式建设方式，所有建筑设施均在国内完成加工定制，现场只需按要求安装建筑模块。"中国第四十次南极考察队新站队队长王哲超说，这种精细制造，减少了大量现场加工量，显示出严酷环境中整体建筑高度集成、质量可靠、施工迅速、绿色环保的优势。

对设备配置、建设材料的要求同样精益求精。秦岭站采用轻质高强的建筑材料，能够抵御零下 60 摄氏度的超低温和海岸环境的强腐蚀，清洁能源占比也超过 60%。

中国第四十次南极考察中，国产极地特种载具"雪豹"2 驰骋冰雪，不惧严寒，尽显身手。

这种新型极地特种载具能行驶于南极内陆硬雪、软雪、海冰、坚冰与砂石路面等各类复杂地形，同时可以根据考察实时需求，改装为站区快速运输、陆空协同指挥、紧急医疗救援等模块化方舱，标志着我国南极考察向精密化、智能化转型发展。

数千米深的海水阻隔了电磁波的远距离传播，如何实现水下长距离通信与数据传输？

依靠水声通信技术，"蛟龙"号实现"千里传音"。十年磨一剑，科研人员研发了水声通信系统，通过优化信号调制和抗干扰算法，实现深海环境中稳定的数据传输，通信距离超过 10 公里。该系统使用自适应纠错技术，提高了数据传输精度，确保在复杂水文条件下信息传输的完整性。

深海一片漆黑，地形环境高度复杂，"奋斗者"号要避免"触礁"风险，控制系统的精准指挥尤其关键。为此，中国科学院沈阳自动化研究所的科研人员攻关技术难题，让"奋斗者"号的控制系统实现了基于数据与模型预测的在线智能故障诊断、基于在线控制分配的容错控制和海底自主避碰等功能。

中国科学院沈阳自动化研究所研究员、"奋斗者"号载人潜水器副总设计师赵洋说："我们设计的神经网络优化算法，能够让'奋斗者'号在海底自动匹配地形巡航、定点航行以及悬停定位。其中，水平面和垂直面航行控制性能指标，达到国际先进水平。"

挺进深海大洋，探测精度不断刷新。

聚焦极地海底地形和冰下海洋环境的高分辨率成像，误差已小于 5 厘米；通过多波束测深系统和侧扫声呐技术，实现高精度海底地形测绘，垂直分辨率达到 10 厘米，水平分辨率达到 1 米……

深海大洋的探测精度持续提升，离不开关键技术的有力支撑，得益于科研人员对高精度设备和算法的不懈追求。借助人工智能、高性能计算等更多新技术，深海科考有望实现更加精准的地形勘探、生物及矿物样品采集。

广度继续延伸

中外科学家携手，海洋科考国际"朋友圈"越来越大

南极罗斯海恩克斯堡岛海岸边，秦岭站巍然屹立。依托这座科考站，我国科学家将填补在太平洋扇区长期科学观测的空白，从而对南极长期观测网进行系统构建，更好地回答气候变化、冰雪和生态环境变化机理等前沿科学问题。

极地求索四十载，中国极地科考的脚步从南极边缘深入内陆，活动范围和科学考察领域持续拓展。

今年，"蛟龙"号实现首探大西洋，将我国载人深潜由"两洋一海"拓展到"三大洋"，未来还将拓展至极区。依托"奋斗者"号，我国深渊海沟科考已经从马里亚纳海沟扩展至全球多个深渊海沟。2022 年 10 月到 2023 年 3 月，中国科学院深海科学与工程研究所组织国际首次环大洋洲载人深潜科考，"奋斗者"号搭乘"探索一号"母船，历时 157 天，完成了 2.2 万多海里的大洋洲探索之旅，采集了丰富的深渊宏生物、岩石、结核、沉积物和水体样品。

　　我国的深海大洋探测脚步越迈越深，"朋友圈"也越扩越大。不论是"蛟龙"探海、"雪龙"破冰，还是"奋斗者"遨游，中外科考团队都有许多珍贵动人的"携手"时刻。

　　9月6日，"蛟龙"号成功完成2024年西太平洋国际航次第十四潜，一名来自香港浸会大学的加拿大籍科学家参加了此次下潜。本航次共有8名外籍科学家和3名中国香港科学家搭乘"蛟龙"号下潜，下潜区域包括西太平洋6座海山和1个海盆。

　　航次联合首席科学家、香港浸会大学教授邱建文表示："启航以来，大家共同采集和处理深海生物、底泥、海水等样品，共同制定下潜作业计划，分享下潜经历和感受，共同推动深海生物多样性国际合作。"

　　轰鸣声近，红白相间的"雪鹰601"固定翼飞机稳稳降落在南极中山站中山冰雪机场，标志着中国第四十次南极考察队圆满完成了一项重大极地国际合作——南极毛德皇后地和恩德比地冰盖边缘航空科学调查国际合作计划。该计划是南极研究科学委员会下"环"行动组发起的首个南极航空科学调查国际合作计划。

　　任务完成后，我国将同其他国家共享"雪鹰601"航空观测数据，并开展合作研究，为各国科学家研究南极冰盖快速变化和全球海平面上升提供宝贵资料。"环"行动组首席科学家、挪威极地研究所教授松冈健一给中国第四十次南极考察队专门发来邮件，感谢中方的重要贡献。

加强海洋科技创新，深化国际海洋合作，深海大洋探测事业将不断迈上新台阶。

（人民日报记者刘诗瑶、吴月辉，

《人民日报》2024 年 11 月 25 日第 19 版）

三十载耕耘，蹚出一条独具特色的卫星导航探索之路

北斗：远在天外，近在身边

　　前不久，我国在西昌卫星发射中心成功发射第五十九、六十颗北斗导航卫星。该组卫星是我国北斗三号全球卫星导航系统建成开通后发射的第二组中圆地球轨道卫星，也是北斗三号全球卫星导航系统的最后一次发射。

　　北斗卫星导航系统（以下简称"北斗系统"）是我国着眼于国家安全和经济社会发展需要，自主建设、独立运行的卫星导航系统。经过多年发展，北斗系统已成为面向全球用户提供全天候、全天时、高精度定位、导航与授时服务的重要新型基础设施。

　　从北斗一号、北斗二号到北斗三号，从双星定位到全球组网，从覆盖亚太到服务全球，自 1994 年工程立项，北斗系统已

走过波澜壮阔的 30 年。

30 年来，全体北斗人秉承"自主创新、开放融合、万众一心、追求卓越"的新时代北斗精神，践行"中国的北斗、世界的北斗、一流的北斗"发展理念，将北斗系统建设成为一张亮丽的"国家名片"。

"不管遇到什么困难，我都会咬牙坚持到最后"

根据我国导航卫星建设规划，北斗一号覆盖国内区域，北斗二号扩大到亚太区域，北斗三号走向全球。

2020 年 7 月 31 日，北斗三号全球卫星导航系统正式开通。由我国建成的独立自主、开放兼容的卫星导航系统，从此开启了高质量服务全球、造福人类的崭新篇章。

回顾创新历程，北斗三号能够从区域走向全球，关键的技术难点之一，就是高效实现卫星之间的测量通信。

为此，我国科研人员大胆创新、独辟蹊径，提出星间链路技术。所谓"星间链路"，就是卫星和卫星之间的一条通信线路，是航天器与航天器之间具有数据传输和测距功能的无线链路，基于国内布站条件提供全球运行服务。有了这项技术，即使"看不见"在地球另一面的北斗卫星，通过北斗卫星的星间链路同样能与它们取得联系，这是北斗全球导航系统建设的一大特色。

康成斌深度参与了星间链路的关键技术攻关。这位中国航天科技集团五院通信导航部导航室主任，自 2010 年参加工作起，就全身心投入北斗系统的研制中。

实现"星连星""太空架桥"难度极高。康成斌介绍，北斗三号系统中卫星与卫星的距离最远达到 7 万公里，既要让遥遥相望的两颗卫星仿佛近在咫尺，又要保证 7 万公里距离之间即使发生厘米级位置变化，都能被第一时间感知和测量，且星座中任意两颗星都要建立起类似联系，"这是一项巨大的技术跨越"。

"几乎从零起步，团队压力很大。"康成斌说，既要充分论证科学原理的正确性，还要开展不计其数的试验验证。

为了加快突破星间链路技术，不耽误卫星研制整体进度，康成斌和团队成员们睡在试验场地，从早到晚、争分夺秒开展星间链路技术测试。

测试出现问题，康成斌带领团队沉着冷静地推导、测算，直至把所有疑点都查找出来。"不管遇到什么困难，我都会咬牙坚持到最后。"这是支撑康成斌挺过难关的信念。令他动容的是，其间，多位白发苍苍的总师院士、技术专家主动来到场地，慷慨相助。

星间链路技术，让北斗系统实现了"一星通，星星通"。从一片空白、奋力追赶，再到和世界领先的全球导航系统并肩而立，一代代科研人员自立自强、自主创新、拼搏超越，蹚出了一条独具特色的卫星导航探索之路。

"踮起脚尖去够一够最好的技术，才能确保先进性"

北斗系统，汇集了全国 400 多家单位联合攻关，凝聚了 30 多万名科研人员的汗水和智慧。其中，北斗三号的卫星研制，由中国航天科技集团五院和中国科学院微小卫星创新研究院共同担纲。

北斗三号最后一颗组网星打完后，中国科学院微小卫星创新研究院研究员、北斗三号卫星系统首席总设计师林宝军收到一条短信，短信中说，"这颗星终于成功了，我们完成了别人认为不可能完成的事情"。

谈及创新秘诀，林宝军给出的答案是"理念创新"。

时间回到 2015 年 3 月 30 日，北斗三号全球系统首发试验星成功升空入轨，这是中国科学院抓总研制的第一颗北斗导航卫星。这颗试验星的新技术超过 70%，运行良好。

按照惯例，卫星上的新技术比例一般不超过 30%。为什么敢从 30% 变成 70%？

林宝军说："关键技术攻关一般需要 10 年，卫星的寿命往往在 10 年以上，到卫星运行终结时，使用的已经是 20 年前的技术了。因此，理念的创新性和前瞻性就显得很重要，要勇敢突破一些传统观念的条条框框。"在他看来，在有成熟技术保底的基础上，"踮起脚尖去够一够最好的技术，才能确保先进性。"

林宝军将卫星上的结构、热控等 10 多个分系统合并成电子学、控制、结构、载荷四大功能链，简化了系统结构，提升了整体可靠性。例如，原来每个分系统都需要计算机，一颗卫星上甚至要 24 台计算机，通过技术创新，现在一台计算机就可以完成整星计算。经过反复筛选验证，团队选用成熟的元器件和工艺路线，确保创新技术落地，使卫星整体技术领先。

这期间，有人质疑："我们能不能稍微稳当点？"顶住压力，林宝军率领这支平均年龄只有 31 岁的团队，不舍昼夜，终于研制出了性能优异的卫星。仅在 2018 年，团队就高密度研制发射了 8 颗北斗三号中圆地球轨道组网卫星，为北斗三号建成基本系统作出了突出贡献。

据介绍，北斗系统攻克了一大批关键核心技术，突破多种器部件国产化研制，实现北斗三号卫星核心器部件国产化率 100%。

"让'卫星短信'走进千家万户"

庞大精密的北斗系统除了由卫星构成的空间段，还包括由测控系统、运控系统等构成的地面段，以及各类终端及应用系统构成的用户段。

郑晓冬是中国电子科技集团网络通信研究院的一名正高级工程师，从事北斗导航地面系统建设 20 余年，他率领团队自主研发出了独具中国特色的北斗民用短报文通信平台。

从功能看，其他卫星导航系统仅能无源定位，因而用户只能知道"我在哪"。北斗用户则不同，不但自己知道"我在哪"，还能告诉别人"我在哪""在干什么"。当遭遇突发地震、海上遇险，在其他通信手段失效的情况下，北斗短报文通信可以成为人们传递求救信息、拯救生命的关键保障。

郑晓冬带领团队相继攻克了微弱信号捕获及跟踪、高精度同步等多项技术难题，取得一系列创新突破，使得北斗三号在全面兼容北斗二号系统短报文通信服务的基础上，信息发送能力提升到一次1000个汉字，极大提升了短报文系统服务能力，为短报文的规模化应用奠定基础。

"让'卫星短信'走进千家万户。"为此，郑晓冬团队还创造性提出了将北斗短报文置入智能手机的理念。一台手机，如何与太空中的卫星直接建立连接？

"这需要产品在非常小的体积下还要具备大功率发射和高灵敏度接收的能力。"郑晓冬和团队攻克高灵敏度快速捕获、射频基带一体化设计等核心技术，研制出全球首款低成本低功耗北斗短报文消费终端芯片。

研发历程并非一帆风顺。郑晓冬回忆，有一次团队联合手机厂商搭建手机测试环境，开展实际测试时，调试始终不成功，大家非常焦虑。此时，团队核心成员王晓玲提出了一个想法——对多个城市进行北斗卫星信号测试，通过真实的测试数据分析问题、优化性能。这个思路得到团队认可，大家克服困难，短短一个月内就完成了百余个城市的北斗卫星信号测试，依靠这些宝贵的测试数据，制定了整体解决方案，解决了所有问题。

"如今，通过将短报文芯片置入手机，使手机能够在没有地面移动网络情况下具备与外界紧急通信的能力，这样的手机可以广泛应用在遇险报警、应急救援、灾害指挥、海上作业等场景。"郑晓冬说。

北斗远在天外，应用近在身边。目前，全国已有超过2500处水库应用北斗短报文通信服务水文监测，搭载国产北斗高精度定位芯片的共享单车投放已突破1000万辆，支持北斗短报文通信功能的手机已发布。北斗系统正全力赋能各行各业，成为推动经济社会发展的时空基石和重要引擎。

根据中国卫星导航系统管理办公室发布的规划，要在2035年前建成更加泛在、更加融合、更加智能的国家综合定位导航授时体系。瞄准这个目标，北斗人一直在路上。

（人民日报记者刘诗瑶，《人民日报》2024年12月2日第19版）

中国科技奏响创新强音
逐梦星辰大海的豪情壮志

"嫦娥六号首次月背采样，梦想号探秘大洋，深中通道踏浪海天，南极秦岭站崛起冰原，展现了中国人逐梦星辰大海的豪情壮志。"习近平主席在二〇二五年新年贺词里深情点赞。

嫦娥六号飞越38万公里，在人类历史上首次实现了月球背面采样返回；"梦想"号正式入列，1.1万米最大钻深能力支撑大洋探秘；深中通道联通陆海，2小时车程缩短至30分钟，为粤港澳大湾区协同发展按下"快捷键"；南极秦岭站建成并投入使用，开启新时代极地科考新征程……从原创突破到关键核心技术攻关，从重大成果涌现到人才活力迸发，推进中国式现代化，科技打头阵，矢志谋创新。

关键一年，中国科技以奋进姿态奏响创新强音，向着科技强国目标迈出更加坚实的步伐。

越星河　刷新中国高度

越星河，携月壤，嫦娥六号逐梦归。2024 年 6 月 25 日，历时 53 天的太空往返之旅，嫦娥六号带回 1935.3 克月球背面样品，创造中国航天新的世界纪录，刷新了中国人逐梦星辰的新高度。

这是敢为人先的探索。

嫦娥六号之前，人类开展的 10 次月球采样均位于正面，想要揭开更多的月球起源和演化奥秘，必须到月背去。

2019 年 1 月，嫦娥四号在月球背面留下人类探月史上第一行足迹，再赴"月背征途"，嫦娥六号任务更加艰巨——要将珍贵月背土壤"背"回地球。

月球背面，不仅遍布沟壑、峡谷和悬崖，更是亘古"背对"地球，形成地月之间的通信鸿沟。

这是自立自强的接力。

月背采样，没有先例。在挑战中前行，在任务中锤炼。研制团队攻克了月球逆行轨道设计与控制、月背智能快速采样和月背起飞上升等多项关键技术，完成了中国航天史上迄今为止技术水平最高的月球探测任务。地月之间搭建"鹊桥"、巧妙设计轨道、接力避障选好落点、自动密封确保月壤"原汁原味"……哪里有困难，哪里就有航天人攻坚的身影。

走别人没走过的路，才能见到不一样的风景。

短短几个月，科学家们通过对嫦娥六号月球样品的分析研究，填补了人类多项认知空白——首次揭示月球背面约 28 亿年前仍存在年轻的岩浆活动，获得人类首个月背古磁场信息。

"从嫦娥一号飞向月球的那一刻起，我就知道，飞向月球的大门一经打开，深空探测的脚步就不会停止。"探月工程首任总设计师孙家栋院士说。

从嫦娥一号到嫦娥六号，中国探月工程不是亦步亦趋的追随，而是摆脱"跟跑"思维，勇闯"无人区"。20 多年来，嫦娥任务连战连捷，每一次成果丰硕，每一回中国创造。

探索浩瀚宇宙，建设航天强国，逐梦路上，每一步跨越都标注着新的中国高度。

2024 年，中国载人航天工程完成 2 次载人飞船发射任务，2 次天舟货运飞船发射任务，中国空间站首次迎来 90 后航天员；海南商业航天发射场首次任务圆满成功，商业航天全产业链初步形成；在四川稻城，高海拔宇宙线观测站"拉索"捕捉到极难观测到的宇宙射线……

仰望星空，追梦不止。

2026 年前后发射嫦娥七号、2028 年前后发射嫦娥八号、2029 年左右下一代北斗系统开始发射组网卫星、2030 年前实现载人登月、2035 年前建成国际月球科研站基本型……一份争分夺秒的时间表，映照砥砺前行的脚步。

探深海　刻画中国深度

这是一段冰与海的征程，也是百余名中国第四十次南极考察队员的故事。

从开工到开站，仅用 52 天，白雪皑皑的南极冰原，崛起中国第五座南极考察站——秦岭站。

没有人会忘记那一场飓风。

2024 年 1 月，秦岭站主楼完工之际，离完成"外衣"幕墙板安装只有 3 天。12 级以上大风的预报，打乱了施工计划。不抢装墙板，将无法抵御大风冲击。

冰天雪地里，40 多名队员用同一根绳子拴在一起，顶风冒雪、与时间赛跑，风雪中的十几个小时坚持，换来最后一块幕墙板严丝合缝、稳稳就位。

随后的 72 小时里，暴风雪肆虐。雪后初霁，秦岭站毫发无损，昂首挺立。这是属于所有科考队员的奇迹，也是中国极地考察 40 周年再次书写的极地探索奇迹。

大洋探秘，"梦想"号接力承载中国人的深海梦想。

2024 年，首艘自主研制的大洋钻探船"梦想"号正式入列，标志着我国深海探测关键技术装备取得重大突破。

"梦想"号如何成就梦想？靠敢为人先、自主创新。

以"小吨位"实现"多功能"是世界难题。面对挑战，150

多家单位协同攻关，3000多名建设者1100多个日夜不停歇，潜心钻研、奋力攻关，打造了一座海上移动的"国家实验室"。

1.1万米的钻探能力，续航力达1.5万海里，自持力120天，可在6级海况下正常作业、16级超强台风下安全生存，具备全球海域无限航区作业能力……一个个数字，就是"梦想"号的一项项"超能力"。

突破300次下潜，"蛟龙"号载人潜水器再战深渊；"奋斗者"号万米载人潜水器征服极限；第四十次南极考察队开展多个国际合作科考项目，为更好地认识极地、保护极地、利用极地作出重要贡献……刚刚过去的一年，深海科技发展不断推动深海事业迈上新台阶。

新年伊始，中国第四十一次南极考察队在冰雪之巅接续奋斗，"蛟龙""奋斗者"蓄势待发，载人深潜将拓展至更多深海大洋，深海极地探索梦想新篇可期。

连山海 标注中国跨度

一桥卧虹，横贯西东。

当2025年第一缕阳光播洒在伶仃洋上，深中通道蜿蜒伸展，时而腾空跃起，时而遁入海中，宛如"海上鲲鹏"振翅欲飞。

这条穿行约24公里、集"桥、岛、隧、水下互通"于一体的超大型跨海通道，正在重塑粤港澳大湾区的时空格局——广州、深圳、珠江口西岸三大都市圈首次实现陆路直连；中山与深圳宝安、广州南沙实现半小时可达。

截至 2025 年 2 月 12 日，深中通道总计车流量约 1936.04 万车次，日均车流量约 8.49 万车次。

7 年前期攻关、7 年攻坚会战，60 多个参建单位、1.5 万多名建设者、200 余项发明专利、多项世界纪录……建设者们迎着疾风劲浪、顶着烈日骄阳，造就"全球最高通航净空海中大桥、全球最大海中悬索桥锚碇、全球最长双向八车道海底沉管隧道"，在宽阔的珠江口画下关键"一横"。

这"一横"，凝结着中国智慧、中国力量。透过它，更可见新时代中国人逢山开路、遇水架桥的壮志豪情。

茫茫大海、几十米厚的软土层上，如何凭空筑起一座 19 个足球场大的人工岛？

"就好比在'水豆腐'上施工。"建设团队攻克多道难关，仅用时 4 个半月，57 个 13 层楼高的巨型钢圆筒被打入海床、填沙成岛，刷新了快速成岛的世界纪录。

32 节重达 8 万吨的钢壳沉管，怎样在水下"牵手"？

经过 80 多次研讨，绘制 300 多份图纸，工程人员拿出一整套智能制造方案。节长 165 米的 32 个钢壳沉管首尾相接、严丝合缝，让隔海相望的深圳、中山两座城市在海底"牵手"。

金沙江下游，白鹤滩水电站巍然横跨，源源不断的清洁能源顺着密布的"银线"浩荡出川，只需 7 毫秒就将电能"闪送"

至 2000 多公里外；

天山中部，世界最长高速公路隧道天山胜利隧道全线贯通。我国自主研制的"天山号""胜利号"硬岩掘进机担当"开路先锋"，将穿越天山的时间从原来的 3 小时缩短至约 20 分钟；

7 年艰苦攻关，CR450 动车组样车正式发布。这个中国高铁"新成员"，试验时速 450 公里，运营时速 400 公里，运行能耗、车内噪声、制动距离等主要指标均为国际领先；

…………

一大批世界级的大国工程从蓝图变为现实，编织新时代的创新版图；一次次非凡的中国跨度，重新定义着山与海的距离，促进着活力要素加速流动，倍增着发展的机遇和动能。

梦虽遥，追则能达；愿虽艰，持则可圆。

逐梦星辰大海的征途上，中国人豪情壮志满怀，创新永不停歇。

（人民日报记者吴月辉、喻思南、刘诗瑶、谷业凯、韩鑫，《人民日报》2025 年 2 月 14 日第 1 版）